AF503990

UNITÉS ÉLECTRIQUES

PAR

G. SZARVADY

Chargé du Cours d'Électricité industrielle à l'École centrale
des Arts et Manufactures.

PARIS

II. DUNOD ET E. PINAT, ÉDITEURS

47 ET 49, QUAI DES GRANDS-AUGUSTINS (VIᵉ)

1919

UNITÉS ÉLECTRIQUES

UNITÉS ÉLECTRIQUES

PAR

G. SZARVADY

Chargé du Cours d'Électricité industrielle à l'École centrale
des Arts et Manufactures.

———— ‹◊› ————

PARIS

H. DUNOD et E. PINAT, ÉDITEURS

47 et 49, QUAI DES GRANDS-AUGUSTINS (VIe)

—

1919

UNITÉS ÉLECTRIQUES

PREMIÈRE PARTIE

THÉORIE DES UNITÉS

**1° Grandeurs concrètes de même nature. — Unités.
Modules.**

1. On ne peut comparer, entre elles, que des grandeurs concrètes de même nature.

Nous représenterons, les grandeurs concrètes, selon la notation due à Maxwell, par des lettres majuscules entre crochets; ainsi [L] représentera une longueur concrète, [T] un temps, [F] une force et ainsi de suite.

Soient [L] [L₁] deux longueurs concrètes; nous pouvons les comparer.

Déterminons expérimentalement combien de fois, chacune de ces longueurs, en contient une troisième, arbitrairement prise pour unité, et soient λ, λ_1 les nombres, entiers ou fractionnaires, ainsi trouvés. Le rapport l_1 de ces deux nombres, soit :

$$l_1 = \frac{\lambda}{\lambda_1}$$

est aussi un nombre abstrait. Ce nombre peut être, entier ou fractionnaire ; il est indépendant de la longueur, prise pour terme de comparaison. Il indique que la longueur concrète [L] contient l_1 fois la longueur concrète [L₁] ce que nous pouvons exprimer symboliquement par l'une ou l'autre des relations équivalentes.

$$[L] = l_1 [L_1]$$

ou
$$l_1 = \frac{[L]}{[L_1]}$$

Si nous prenons pour UNITÉ DE LONGUEUR la longueur concrète $[L_1]$ le NOMBRE l_1 sera la MESURE de la longueur concrète $[L]$ dans ce que nous appellerons le SYSTÈME $[L_1]$.

Comparons encore la longueur $[L]$ à une longueur concrète $[L_2]$ différente des précédentes et désignons par l_2 le rapport :

$$l_2 = \frac{[L]}{[L_2]} \cdot$$

Si nous prenons pour nouvelle unité de longueur la longueur concrète $[L_2]$ le nombre l_2 sera la mesure de la longueur $[L]$ dans le système $[L_2]$.

Posons :

$$l = \frac{[L_2]}{[L_1]} \cdot$$

Le rapport l des deux longueurs concrètes : $[L_2]$ et $[L_1]$ est le rapport de leurs mesures dans n'importe quel système.

Prenons, en particulier, pour unité la longueur concrète $[L]$ nous aurons :

$$l = \frac{\frac{[L_2]}{[L]}}{\frac{[L_1]}{[L]}} = \frac{\frac{1}{l_2}}{\frac{1}{l_1}}$$

d'où :

$$l = \frac{l_1}{l_2} = \frac{[L_2]}{[L_1]} \cdot$$

Par conséquent LES NOMBRES l_1 l_2 qui mesurent une même grandeur $[L]$ dans deux systèmes différents SONT INVERSEMENT PROPORTIONNELS AUX UNITÉS $[L_1]$ $[L_2]$ de ces deux systèmes et réciproquement LES UNITÉS $[L_1]$ $[L_2]$ de deux systèmes différents SONT INVERSEMENT PROPORTIONNELLES AUX NOMBRES l_1 l_2 qui mesurent une même grandeur $[L]$ dans les deux systèmes

2. Proposons-nous de passer du système $[L_1]$ au système $[L_2]$ nous appellerons MODULE le rapport :

$$l = \frac{[L_2]}{[L_1]}$$

de la nouvelle unité à l'ancienne, rapport qui est aussi la mesure de la nouvelle unité en fonction de l'ancienne, ou encore, le nombre des unités anciennes comprises dans une unité nouvelle [1].

De la relation :

$$l = \frac{[L_2]}{[L_1]} = \frac{l_1}{l_2}$$

nous tirons :

$$l_2 = \left(\frac{1}{l}\right) l_1$$

et nous en concluons que la mesure $l_2 = \frac{[L]}{[L_2]}$ d'une longueur quelconque [L] dans le nouveau système est égale à la mesure $l_1 = \frac{[L]}{[L_1]}$ de cette même longueur dans l'ancien système, multipliée par l'inverse $\left(\frac{1}{l}\right)$ du module.

3. EXEMPLE. — Soit à passer de la mesure P_1 d'une puissance évaluée en ERG-SECONDE à la mesure P_2 de la même puissance évaluée en CHEVAUX.

Nous venons de voir que

$$P_2 = \frac{1}{P} P_1$$

P désignant le module de l'unité de puissance.

Or

$$\frac{1}{P} = \frac{[P_1]}{[P_2]}$$

$$[P_1] = 1 \text{ erg par seconde}$$
$$[P_2] = 1 \text{ cheval} = 75 \text{ kgm par seconde.}$$
$$1 \text{ kgm.} = 9,81 \times 10^7 \text{ ergs.}$$

par conséquent

$$\frac{1}{P} = \frac{1}{75 \times 9,81 \times 10} = \frac{1,359}{10^{10}}$$

d'où :

$$P_2 = \frac{1,359}{10^{10}} P_1$$

ou

$$P_{chx} = \frac{1,359}{10^{10}} P_{erg\text{-}sec.}$$

1. Le nom de module, appliqué au rapport de deux unités de même nature est dû à M. G. Lippmann [Unités électriques absolues, p. 4, Paris 1884], mais il y a lieu de remarquer que le module de Lippmann est l'inverse de celui défini ci-dessus.

2° Grandeurs concrètes de nature différente. — Equations physiques. — Passage d'un système à un autre. — Formules de transformation. — Equations de condition.

4. On ne peut, nous l'avons dit, comparer des grandeurs concrètes, de nature différente, mais on peut comparer les nombres qui leur servent de mesure et établir une relation entre les symboles qui représentent ces nombres. La plupart des équations mécaniques ou physiques sont des relations de genre.

Ainsi, la loi de Mariotte et celle de Gay-Lussac combinées, nous apprennent que le volume v la pression p et la température absolue θ, d'une masse gazeuse donnée, sont liées entre elles par la relation :

$$pv = R\theta$$

R étant une constante qui dépend de la nature du gaz, de sa masse et du choix des unités.

De même la loi de Newton indique que deux masses pondérables mm' placées à la distance l l'une de l'autre s'attirent avec une force f dont la grandeur est déterminée par la relation :

$$f = \lambda \, \frac{mm'}{l^2}$$

λ étant une constante qui dépend du choix des unités.

En fonction des grandeurs concrètes les deux relations ci-dessus s'exprimeraient de la façon suivante :

$$\frac{[P]}{[P_1]} \, \frac{[V]}{[V_1]} = R \, \frac{[\theta]}{[\theta_1]}$$

$$\frac{[F]}{[F_1]} = \lambda \, \frac{[M]}{[M_1]} \, \frac{[M']}{[M_1']} \, \frac{[L_0]^2}{[L]^2}$$

Dans ces équations symboliques les grandeurs concrètes ne figurent que par leurs rapports.

Une relation, entre grandeurs concrètes, telle que :

$$[F] = \lambda \frac{[M][M']}{[L]^2}$$

ne présenterait, par elle-même, aucun sens.

5. Proposons-nous encore, de passer d'un système d'unités à un autre et prenons pour premier exemple l'ÉQUATION DES GAZ.

Désignons par $p_1 v_1$ la pression et le volume d'une masse gazeuse donnée à la température absolue θ, les unités de pression et de volume étant $[P_1]$ $[V_1]$ et désignons par R_1 la constante correspondante, nous aurons :

$$(1) \qquad p_1 v_1 = R_1 \theta.$$

Soient p_2 v_2 les mêmes pression et volume, à la même température évalués dans un second système d'unités : $[P_2]$ $[V_2]$ et soit R_2 la constante correspondante, nous aurons :

$$(2) \qquad p_2 v_2 = R_2 \theta.$$

Posons :

$$\frac{[P_2]}{[P_1]} = p \qquad \frac{[V_2]}{[V_1]} = v$$

p et v, rapports des nouvelles unités aux anciennes, sont les *modules* des unités de pression et de volume, pour le passage du premier système au second.

Nous savons que :

$$\frac{p_1}{p_2} = p \qquad \frac{v_1}{v_2} = v.$$

Substituons dans l'équation (1) il vient :

$$(pv)\, p_2 v_2 = R_1 \theta.$$

En identifiant avec l'équation (2) on obtient la FORMULE DE TRANSFORMATION :

$$(3) \qquad \boxed{R_2 = \frac{R_1}{pv}}$$

qui établit une relation, entre les modules des unités variables, et les valeurs R_1 R_2 de la constante dans les deux systèmes.

6. Prenons, comme second exemple, la LOI DE NEWTON.

$$f = \lambda \frac{mm'}{l^2}$$

Soient : $[F_1]$ $[M_1]$ $[L_1]$ les unités de force, de masse et de longueur, dans le premier système, $[F_2]$ $[M_2]$ $[L_2]$ les mêmes unités dans le second système.

Les modules correspondants sont :

$$f = \frac{[F_2]}{[F_1]} \qquad m = \frac{[M_2]}{[M_1]} \qquad l = \frac{[L_2]}{[L_1]}$$

Soient :

$$(4) \qquad\qquad f_1 = \lambda_1 \frac{m_1 m'_1}{l_1^2}$$

$$(5) \qquad\qquad f_2 = \lambda_2 \frac{m_2 m'_2}{l_2^2}$$

les expressions de la loi dans les deux systèmes.

On a :

$$\frac{f_1}{f_2} = f \qquad \frac{m_1}{m_2} = \frac{m'_1}{m'_2} = m \qquad \frac{l_1}{l_2} = l$$

d'où, en substituant dans l'équation (4)

$$f_2 = \left(\frac{m^2}{fl^2} \lambda_1 \right) \frac{m_2 m'_2}{l_2^2}$$

En identifiant avec l'équation (5) on obtient la FORMULE DE TRANSFORMATION :

$$(6) \qquad\qquad \boxed{\lambda_2 = \frac{m^2}{fl^2} \lambda_1}$$

7. RÈGLE GÉNÉRALE POUR PASSER D'UN SYSTÈME D'UNITÉS A UN AUTRE. — Nous pouvons déduire de ce qui précède la règle générale suivante :

Pour passer d'un système d'unités à un autre, il suffit de MULTIPLIER CHACUN DES SYMBOLES *figurant dans une équation donnée par le module correspondant, c'est-à-dire* PAR LE NOMBRE DES ANCIENNES UNITÉS CONTENUES DANS UNE UNITÉ NOUVELLE, *en affectant ce module du même exposant que le symbole.*

On obtient ainsi, la FORMULE DE TRANSFORMATION de l'équation envisagée, c'est-à-dire une relation entre les modules des unités et les valeurs que prend dans les deux systèmes le coefficient numérique variable avec les unités.

8. **Deux cas sont a distinguer.** — Si on prend arbitrairement les unités du second système, c'est-à-dire si on se donne les modules, la formule de transformation détermine la valeur du coefficient numérique dans le nouveau système.

Si au contraire, on impose au coefficient numérique du second système une valeur donnée, la formule de transformation est une équation de condition entre les modules.

Nous donnerons un exemple numérique de chacun de ces deux cas.

9. 1ᵉʳ **Exemple.** — **Équation des gaz.** — La formule de transformation est :

$$R_2 = \frac{1}{pv} R_1.$$

Soient :

$$[P_1] = \text{une atmosphère normale}$$
$$[V_1] = \text{un litre.}$$

On sait que dans ces conditions la constante des gaz qui correspond à une molécule gramme d'un gaz parfait est :

$$R_1 = 0,08207.$$

Prenons pour nouvelles unités, de la pression et du volume

$$[P_2] = 1 \text{ barye} \qquad \text{d'où :} \quad p = \frac{1}{1\,013\,250}$$
$$[V_2] = 1 \text{ centimètre cube} \quad - \quad v = \frac{1}{1\,000}.$$

La formule de transformation donne :

$$R_2 = 0,08207 \times 1,01325 \times 10^9$$
ou
$$R_2 = 8,3157 \times 10^7$$

10. 2° **Exemple.** — **Loi de Newton.** — La formule de transformation est :

$$\lambda_2 = \frac{m^2}{fl^2} \lambda_1.$$

Prenons pour unités du premier système :

$$[L_1] = 1 \text{ centimètre.}$$
$$[M_1] = 1 \text{ gramme.}$$
$$[F_1] = 1 \text{ dyne.}$$

On sait que, dans ces conditions :

$$\lambda_1 = 6,667 \times 10^{-8}.$$

Proposons-nous de faire disparaître de la loi de Newton le coefficient numérique λ ou, en d'autres termes proposons-nous de mettre cette loi sous la forme :

$$f = \frac{mm'}{l^2}$$

nous devrons, à cet effet poser

$$\lambda_2 = 1.$$

d'où :
$$\frac{m^2}{fl^2} = \frac{1}{\lambda_1}$$

relation qui réduit à deux le nombre des unités que nous pouvons choisir arbitrairement pour les trois grandeurs m, l et f.

Conservons les mêmes unités de longueur et de force que précédemment, nous aurons :

$$[L_2] = [L_1] \quad \text{d'où :} \quad l = 1$$
$$[F_2] = [F_1] \quad - \quad f = 1$$

le module de l'unité de masse est alors :

$$m = l \sqrt{\frac{f}{\lambda_1}} = \frac{1}{\sqrt{\lambda_1}} = 3\,873 ,$$

d'où : $[M_2] = 3\,873$ GRAMMES $= 3,873$ KILOGRAMMÉS.

C'est la valeur en kilogrammes-masse de la masse pondérable qui exercerait sur une masse égale placée à la distance de 1 centimètre une force égale à 1 dyne.

11. THÉORÈME. — *Lorsqu'on impose au coefficient numérique d'une équation donnée, la condition de ne pas être modifié par un changement des unités, l'équation de condition, entre modules, qui résulte de cette condition est identique à l'équation elle-même, privée de coefficient numérique.*

Ce théorème est évident. Contentons-nous de le vérifier sur un exemple, et prenons comme exemple la loi de Newton.

Pour satisfaire à la condition énoncée, il faut évidemment faire :

$$\lambda_2 = \lambda_1$$

dans la formule de transformation :

$$\lambda_2 = \frac{m^2}{fl^2}\,\lambda_1$$

ce qui donne :

$$f = \frac{m^2}{l^2} \qquad\qquad \text{c. q. f. d.}$$

3° Coefficients parasites. — Équations de définition. — Unités dérivées ou absolues.

12. Les équations géométriques, mécaniques et physiques expriment des relations nécessaires entre les variations que subissent certaines grandeurs, dans des conditions déterminées.

Ces relations, en elles-mêmes, sont évidemment indépendantes du choix des unités, mais les équations qui en sont l'expression renferment, nous l'avons vu, un coefficient numérique, lequel varie en même temps que les unités. ELLES PEUVENT CONTENIR EN OUTRE UN COEFFICIENT NUMÉRIQUE QUI NE VARIE PAS AVEC LES UNITÉS.

Prenons un exemple très simple.

La GÉOMÉTRIE nous enseigne que l'aire s d'une surface de forme quelconque, qui reste semblable à elle-même, varie comme le carré de la longueur l d'une ligne quelconque de la figure, de sorte que l'on a :

$$s = al^2$$

a étant un coefficient de proportionnalité.

Désignons par s la surface du carré qui a pour côté l;

    —   par s' —   cercle   —   rayon l;

    —   par s'' —   cube   —   côté l;

nous aurons :

$$s = al^2$$
$$s' = a'l^2$$
$$s'' = a''l^2.$$

D'autre part la géométrie nous enseigne encore que :

$$\frac{s'}{s} = \pi \qquad \text{d'où :} \qquad \frac{a'}{a} = \pi \qquad s' = a.\pi l^2$$
$$\frac{s''}{s} = 6 \qquad\qquad\quad - \qquad\qquad \frac{a''}{a} = 6 \qquad s'' = a.6 l^2.$$

Le coefficient a, qui figure dans les trois relations, dépend uniquement du choix des unités.

Quel que soit a, les surfaces s s' s'' sont toujours proportionnelles à l^2 πl^2 et $6l^2$.

Les coefficients π et 6 sont des nombres indépendants, du choix des unités.

13. Il y a un intérêt évident à choisir les unités de façon à débarrasser les équations, des coefficients numériques, qui ne dépendent que de ce choix, coefficients que MAURICE LÉVY a appelés, COEFFICIENTS PARASITES[1].

Dans l'exemple précédent, le coefficient parasite est a.

Mettons en évidence les unités de longueur et de surface : $[L_1]$ $[S_1]$ nous aurons, dans le cas d'un carré :

$$\frac{[S]}{[S_1]} = a\,\frac{[L]}{[L_1]} \cdot$$

Par hypothèse, $[S]$ est la surface du carré dont le côté a pour longueur $[L]$. Faisons :

$$[L] = [L_1].$$

$[S]$ sera la surface du carré dont le côté a pour longueur l'unité de longueur $[L_1]$, mais on a :

$$\frac{[S]}{[S_1]} = a$$

et par conséquent, pour que :

$$a = 1$$

il faut que :

$$[S_1] = [S]$$

En d'autres termes, *pour que l'expression d'une surface quelconque ne contienne pas de coefficient parasite il faut et il suffit que l'unité de surface $[S_1]$ soit la surface du carré dont le côté a pour longueur l'unité de longueur $[L_1]$.*

Dans ce cas, l'équation qui détermine la surface d'un carré en fonction de la longueur de ses côtés se réduit à :

$$s = l^2$$

---

1. Sur les unités électriques, p. 3. Paris 1882.

Cette *formule dépourvue de tout coefficient numérique* est dite l'ÉQUATION DE DÉFINITION de l'unité de surface, parce qu'en y faisant $l = 1$ on obtient $s = 1$ d'où l'on peut conclure, comme précédemment, mais d'une façon plus directe, que l'unité de surface, qui supprime les coefficients parasites est la surface du carré dont le côté a pour longueur l'unité de longueur.

14. On définit d'une façon analogue les autres grandeurs de la géométrie.

Prenons encore pour exemple l'*unité de volume*. On sait que le volume d'un parallélipipède rectangle est proportionnel ou produit de ses trois côtes : $ll'l''$ d'où :

$$Vol = all'l''.$$

Posons, $a = 1$ nous aurons l'équation de définition de l'unité de volume.

$$Vol = ll'l''.$$

En faisant : $l = l' = l'' = 1$ on obtient : $Vol = 1$ et par conséquent l'unité de volume qui supprime les coefficients parasites est le volume d'un cube dont le côté a pour longueur l'unité de longueur.

15. On procède encore de même, en MÉCANIQUE, où les équations de définition des unités de *vitesse*, d'*accélération*, et de *force*, sont :

$$v = \frac{l}{t}$$
$$a = \frac{v}{t}$$
$$f = ma$$

Équations auxquelles correspondent les définitions suivantes :

1° *L'unité de vitesse*, est la vitesse d'un mobile, parcourant d'un mouvement uniforme, l'unité de longueur pendant l'unité de temps.

2° *L'unité d'accélération* est l'accélération d'un mobile qui, se déplaçant d'un mouvement uniformément accéléré, en partant du repos, atteint l'unité de vitesse au bout de l'unité de temps.

3° *L'unité de force* est la force constante qui imprime à l'unité de masse l'unité d'accélération.

16. En rapprochant ce qui vient d'être exposé, du théorème énoncé à la fin de l'article précédent, on voit qu'une équation de définition quelconque peut être envisagée à trois points de vue différents.

Premièrement, elle exprime de la façon la plus simple, sans aucun coefficient numérique, une propriété géométrique ou une relation entre grandeurs mécaniques ou physiques.

Deuxièmement, elle détermine la condition à laquelle doivent satisfaire les unités pour que la relation considérée soit exprimée sans coefficient parasite.

Troisièmement, en cas de changement d'unités, elle est l'équation de condition à laquelle doivent satisfaire les modules pour que la modification apportée aux unités n'introduise pas de coefficient parasite dans l'équation.

17. Chaque équation de définition réduit évidemment d'une unité le nombre des unités dont le choix est arbitraire.

Ainsi par exemple les *cinq* équations de définition indiquées plus haut :

$$s = l^2 \qquad v = \frac{l}{t}$$
$$\text{vol} = l^3 \qquad a = \frac{v}{t}$$
$$f = ma$$

ne laissent que trois unités arbitraires pour les huit grandeurs

$$l \quad s \quad \text{vol} \quad t \quad v \quad a \quad m \quad f$$

qui figurent dans ces équations. Dès qu'on a choisi trois unités, compatibles avec les équations considérées ces dernières définissent entièrement les cinq autres unités.

Il est d'ailleurs évident qu'on peut combiner ces équations à volonté, et qu'on peut remplacer, par exemple,

$$a = \frac{v}{t} \qquad \text{par} \qquad a = \frac{l}{t^2}$$

et
$$f = ma \qquad \text{par} \qquad f = \frac{mv}{t} \qquad \text{ou par} \qquad f = \frac{ml}{t^2}.$$

18. Les unités choisies arbitrairement sont dites UNITÉS FONDAMENTALES ; celles qui en sont déduites au moyen d'équations de définition sont dites UNITÉS DÉRIVÉES OU ABSOLUES. Les équations de définition nous le rappelons ne comportent aucun coefficient numérique quel qu'il soit.

19. REMARQUE. — Les équations de définition de la géométrie et de la mécanique sont sous-entendues dans tous les systèmes d'unités rationnels.

20. APPLICATION. — Comme application du mode d'emploi des équations de définition et de condition, nous traiterons le problème classique :

DÉTERMINER DES UNITÉS DE LONGUEUR, DE MASSE ET DE TEMPS ; INDÉPENDANTES DES DIMENSIONS DE LA TERRE, DE SA DENSITÉ, DE LA DURÉE DE SA RÉVOLUTION DIURNE, ENFIN DE LA DENSITÉ D'UNE SUBSTANCE QUELCONQUE.

Imposons à l'unité de masse la condition d'exercer l'unité de force sur une masse égale placée à l'unité de distance, l'équation de définition de l'unité de masse sera :

$$f = \frac{m^2}{l^2}$$

et en tenant compte des équations de définition des unités de force, d'accélération et de vitesse, on a :

$$f = \frac{m^2}{l^2} = ma = m\,\frac{l}{t^2}$$

d'où l'équation de condition

$$m = \frac{l^3}{t^2} = v^2 l.$$

Remarquons en passant que l'on a aussi

$$f = v^4.$$

L'unité de force, dans les systèmes satisfaisant à la condition ci-dessus, dépend donc uniquement de l'unité de vitesse, laquelle n'est autre que la vitesse d'un satellite gravitant à l'unité de distance, autour de l'unité de masse.

Soit, en effet v la vitesse d'un satellite de masse m' gravitant à la distance l autour d'une masse m on a :

$$f = \frac{m'v^2}{l} = \frac{m'm}{l^2} \qquad \text{d'où} \qquad v^2 = \frac{m}{l}.$$

Pour $m = 1$ $l = 1$ on a $v = 1$ et $f = 1$.

Prenons pour UNITÉ DE VITESSE, celle de la lumière dans le vide, et pour UNITÉ DE LONGUEUR la longueur d'onde dans le vide de la radiation rouge du cadmium.

L'UNITÉ DE TEMPS sera la période de vibration de cette radiation $\left(t = \frac{l}{v}\right)$, et l'UNITÉ DE MASSE résultera de l'équation de condition $m = v^2 l$.

Les unités du nouveau système sont entièrement déterminées. Proposons-nous de les exprimer en fonction d'unités connues.

En faisant usage des notations précédemment adoptées nous avons dans le nouveau système :

$$m_2 = v_2^2 l_2$$

avec
$$f_2 = v_2^4$$

mais dans le premier système, que nous supposons quelconque, λ_1 est différent de 1 et l'on a :

$$m_1 = \frac{l_1^3}{t_1^2} \cdot \frac{1}{\lambda_1} = \frac{v_1^2 l_1}{\lambda_1}$$

avec
$$f_1 = m_1 a_1 = \frac{v_1^2 l_1}{\lambda_1} \cdot \frac{l_1}{t_1^2} = \frac{v_1^4}{\lambda_1}.$$

Les modules des unités de masse et de force pour le passage du premier système au second sont donc :

$$m = \frac{m_1}{m_2} = \frac{v^2 l}{\lambda_1}$$

$$f = \frac{f_1}{f_2} = \frac{v^4}{\lambda_1}$$

les nouvelles unités en fonction des anciennes, sont nous le savons, numériquement égales à ces modules.

21. Exemple numérique. — Prenons pour unités :

$$[L_1] = 1 \text{ centimètre.}$$
$$[M_1] = 1 \text{ gramme.}$$
$$[T_1] = 1 \text{ seconde.}$$

On a dans ce cas :

$$\lambda_1 = 6,667 \times 10^{-8}$$

En fonction des unités ci-dessus la vitesse de la lumière est :

$$[V_2] = 3.10^{10} \text{ cm.-sec.}$$

la *longueur d'onde* de la radiation rouge du cadmium a pour valeur : 6440 angström, soit en fonction de $[L_1]$

$$[L_2] = 6,44.10^{-5} \text{ centimètre.}$$

d'où

$$[T_2] = \frac{l}{v} = \frac{6,44}{3} . 10^{-16} = 2,133 \times 10^{-16} \text{ seconde.}$$

$$[M_2] = \frac{v^2 l}{\lambda_1} = \frac{9 \times 6,44}{6,667} \times 10^{23} = 8,694 \times 10^{23} \text{ grammes.}$$

$$[F_2] = \frac{v^4}{\lambda_1} = \frac{81 \times 10^{16}}{6,667} = 1,21 \times 10^{19} \text{ grammes-force.}$$

Remarque. — La masse de la terre étant :

$$M_T = 5,977 \times 10^{27} \text{ grammes.}$$

l'unité de masse du système envisagé serait égale à la fraction : $\frac{1,45}{10\,000}$ de la masse de la terre et le rayon de la terre étant :

$$R_T = 6\,370 \text{ kilomètres.}$$

le rayon R d'une sphère de même densité que la terre, qui aurait pour masse l'unité de masse serait :

$$R = 6\,370 \sqrt[3]{\frac{1,45}{10\,000}} = 6\,370 \times \frac{5,25}{100} = 334,4 \text{ kilomètres.}$$

4° Dimensions. Formules et équations de dimension.

22. Pour simplifier le langage, nous désignerons par GRAN-
DEURS FONDAMENTALES et GRANDEURS DÉRIVÉES les grandeurs dont
les unités sont respectivement des unités fondamentales ou des
unités dérivées.

On peut toujours, par des éliminations appropriées, remplacer un ensemble d'équations de définition, par un nombre
égal d'équations, dont le premier membre se compose du symbole d'une grandeur dérivée, le second membre ne contenant
que les symboles des grandeurs fondamentales.

Supposons, par exemple, que les unités fondamentales, soient
les unités de longueur, de masse et de temps ; nous pouvons
remplacer les cinq équations de définition de l'article 17, par
les cinq équations suivantes :

$$(1) \qquad s = l^2$$

$$(2) \qquad vol = l^3$$

$$(3) \qquad v = \frac{l}{t}$$

$$(4) \qquad a = \frac{l}{t^2}$$

$$(5) \qquad f = \frac{ml}{t^2} \cdot$$

Le second membre de chacune de ces équations (qui ne
contient que les symboles des grandeurs fondamentales), est par
définition, la DIMENSION de la grandeur dont le symbole figure
dans le premier membre, et les exposants des symboles m. l. t,
sont les EXPOSANTS DE DIMENSION de cette grandeur. L'équation
elle-même est la FORMULE DE DIMENSION de la grandeur.

Ainsi une force f a pour dimension $\frac{ml}{t^2}$ et ses exposants de
dimension sont 1 par rapport à m et l et — 2 par rapport t.

On dit, aussi, d'une façon abrégée que la force a la dimension 1 par rapport à *m* et *l* et la dimension — 2 par rapport à *t*.

La conception des *dimensions* est due à FOURIER [1] l'emploi des *formules de dimension* est dû à MAXWELL [2].

23. Les formules de dimensions sont évidemment équivalentes aux équations de définition dont elles dérivent (quand elles ne leur sont pas identiques), elles représentent donc, comme elles, des équations de condition entre modules. En conséquence, tout ce que nous avons dit de ces dernières s'applique identiquement aux formules de dimension, lesquelles, en particulier, en cas de changement des unités fondamentales, donnent immédiatement les valeurs des nouvelles unités dérivées en fonction des anciennes.

24. On a coutume d'écrire les formules de dimension en capitales.

La formule de dimension de la force par exemple s'écrit :

$$F = \frac{ML}{T^2} \qquad \text{ou} \qquad F = MLT^{-2}.$$

Maxwell, plaçait les deux membres des formules de dimensions entre crochets. — Dans cette notation, dont font encore usage beaucoup d'auteurs, la formule de dimension de la force s'écrit :

$$[F] = \left[\frac{ML}{T^2}\right] \qquad \text{ou} \qquad [F] = [MLT^{-2}]$$

mais il ne faut pas perdre de vue, qu'ici les symboles entre crochets représentent des MODULES et non des grandeurs concrètes, faute de quoi les équations n'auraient aucun sens.

25. Les formules de dimension, peuvent se combiner entre elles comme les relations géométriques ou physiques équivalentes. Une équation résultant de semblables combinaisons est une ÉQUATION DE DIMENSION.

1. Théorie analytique de la chaleur. Ch. II, Sect. IX, § 160. Paris, 1822.

2. A Treatise ou Electricity and Magnetism. Second édition. Oxford, 1873. Traduction française par Seligmann-Lui.

D'une façon générale, toute équation géométrique ou physique sans coefficient numérique peut être considérée comme une équation de dimension.

Si dans une équation de dimension on isole dans le premier membre, un symbole quelconque, on obtient, en cas de changement des unités, la nouvelle valeur de l'unité qui correspond à ce symbole, en remplaçant les symboles du second membre par leurs modules, quelles que soient les grandeurs représentées par ces derniers symboles, grandeurs fondamentales ou non.

26. Donnons un exemple très simple.

Les formules de dimension de la force et de la vitesse sont respectivement :

$$F = \frac{ML}{T^2} \qquad V = \frac{L}{T} \cdot$$

En divisant ces deux formules membre à membre nous obtenons l'équation de dimension

$$F = \frac{MV}{T} \cdot$$

De même en divisant membre à membre les formules de dimension de la force et de l'accélération savoir :

$$F = \frac{ML}{T^2} \qquad A = \frac{L}{T^2}$$

nous obtenons l'équation de dimension

$$F = MA.$$

27. APPLICATION. — Proposons-nous, à titre d'application, de déterminer la VALEUR DU KILOGRAMME-FORCE EN DYNES.

L'équation de définition de la force est :

$$f = ma.$$

Nous pouvons prendre pour équation de dimension,

$$F = MA.$$

La *dyne* est, par définition, la force qui imprime à un gramme-masse, une accélération de 1 centimètre par seconde, à la seconde.

Le *kilogramme-force* est par définition la force qui imprime à un kilogramme-masse une accélération égale à l'intensité normale de la pesanteur soit :

$$g_n = 9,80615 \text{ mètres-sec-sec.}$$

Le kilogramme-force serait donc l'unité de force, dans un système dont l'unité d'accélération serait g_n et l'unité de masse le kilogramme-masse.

Passons du premier système au second, les modules des unités de masse et d'accélération sont respectivement :

$$M = 1000$$
$$A = 980,615$$

le module de la force est donc

$$F = M.A = 980615.$$

En conséquence la valeur de la nouvelle unité de force qui est le kilogramme-force en fonction de l'ancienne unité, la dyne est :

$$\text{KILOGRAMME-FORCE} = 980615 \text{ DYNES.}$$

5° Homogénéité des équations.

28. Fourier a énoncé le principe important que, pour être correcte, UNE ÉQUATION DOIT NÉCESSAIREMENT ÊTRE HOMOGÈNE PAR RAPPORT AUX GRANDEURS FONDAMENTALES.

« Chaque grandeur, dit-il[1], a une dimension qui lui est « propre, et les termes d'une même équation ne pourraient « être comparés s'ils n'avaient point le même exposant de « dimension. Nous avons introduit cette considération pour « rendre nos définitions plus fixes et servir à vérifier le calcul; « elle dérive des notions primordiales sur les quantités, c'est « pour cette raison, que dans la géométrie et dans la méca- « nique elle équivaut aux lemmes fondamentaux que les Grecs « nous ont laissés sans démonstration. »

Pour vérifier si une équation est homogène il suffit, en faisant abstraction des coefficients numériques indépendants des unités (coefficients dont les exposants de dimension sont zéro et dont la dimension est un), de remplacer les symboles des grandeurs dérivées, par leurs dimensions. L'équation ne contient plus alors que les symboles des grandeurs fondamentales, lesquels sont irréductibles entre eux et doivent figurer dans les deux membres avec les mêmes exposants, réduisant ainsi l'équation à une simple identité.

29. 1ᵉʳ EXEMPLE. — Prenons pour premier exemple, l'ÉQUATION DU PENDULE :

$$ t = \pi \sqrt{\frac{l}{g}} $$

nous pouvons faire abstraction de π (coefficient indépendant du choix des unités).

1. *Loc. cit.*

En substituant aux symboles leurs dimensions nous trouvons

$$T = \sqrt{\frac{L}{\lambda}} = \sqrt{L \cdot \frac{T^2}{L}} = T$$

l'équation est *homogène*.

30. 2ᵉ EXEMPLE. — Prenons pour second exemple la LOI DE NEWTON.

$$f = \lambda \, \frac{mm'}{l^2} \, .$$

Nous savons que le coefficient λ n'est pas indépendant du choix des unités. L'application du principe de Fourier nous fait connaître sa dimension.

On a en effet :

$$F = \frac{ML}{T^2} = \lambda \, \frac{M^2}{L^2}$$

d'où :
$$\lambda = \frac{L^3}{MT^2} \, .$$

DEUXIÈME PARTIE

SYSTÈME C. G. S.

1° Principe du système C. G. S. unités fondamentales.

31. Les auteurs des unités électriques et magnétiques, actuellement en usage, se sont posé le double problème de rattacher ces unités aux unités fondamentales de la mécanique et de les déduire de ces unités fondamentales, en observant les règles, suivies, pour la définition des unités dérivées mécaniques.

En conséquence, chaque unité électrique ou magnétique doit, en principe, être définie au moyen d'une équation ne contenant aucun coefficient numérique, équation qui doit, elle-même, être la traduction d'une loi physique dans laquelle figure la grandeur dont on se propose de définir l'unité.

Les *unités fondamentales* qui ont été adoptées sont :

> le centimètre,
> le gramme ou gramme-masse,
> et la seconde,

d'où le nom de C. G. S. donné au système.

32. REMARQUE. — Les trois unités dites fondamentales ne sont pas les seules unités arbitraires dont on fasse usage.

Certaines unités, telles que l'unité de *température*, n'ont pu être rattachées aux unités fondamentales ; elles ne font pas partie du système C. G. S.

2° Unités C. G. S. mécaniques. — Équivalent mécanique de la chaleur.

33. Les deux unités mécaniques les plus importantes sont l'unité de force et l'unité d'énergie.

L'UNITÉ DE FORCE est la DYNE.

$$\text{Équation de définition} \qquad f = ma$$
$$\text{Formule de dimension} \qquad F = MLT^{-1}$$

C'est la force constante qui imprime à 1 gramme-masse un accroissement de vitesse de 1 centimètre à la seconde, par seconde.

On appelle GRAMME-FORCE le poids d'un gramme-masse dans un lieu où l'intensité de la pesanteur est normale, soit, par convention :

$$g_n = 980{,}615 \text{ cm-sec-sec.}$$

En conséquence :

$$1 \text{ GRAMME-FORCE} = 980{,}615 \text{ DYNES.}$$
$$1 \text{ DYNE} = \frac{1}{980{,}615} = \frac{1{,}01977}{10^3} \text{ GRAMME-FORCE.}$$

[à *Paris* $g = 980{,}943$ le poids d'un gramme est 980,943 dynes].

On se contente généralement de l'approximation :

$$g_n = 981 \text{ cm-sec-sec.}$$
$$1 \text{ dyne} = 1{,}02 \text{ mg-force.}$$

34. L'UNITÉ D'ÉNERGIE est l'ERG.

$$\text{Équation de définition} \qquad T = fl$$
$$\text{— \quad — dimension} \qquad W = FL$$

L'erg est le travail d'une dyne pour un déplacement d'un centimètre dans la direction de la force.

$$1 \text{ ERG} = 1,01977 \text{ KGM.}$$

$$1 \text{ KGM.} = 9,80615 \times 10^7 \text{ ERGS.}$$

En pratique l'unité usuelle est :

$$1 \text{ JOULE} = 10^7 \text{ ERGS} \cong 0,102 \text{ KGM.}$$

d'où $1 \text{ KGM.} \cong 9,81 \text{ JOULES.}$

35. ÉQUIVALENT MÉCANIQUE DE LA CHALEUR. — La valeur considérée comme la plus probable de l'ÉQUIVALENT MÉCANIQUE DE LA CALORIE NORMALE (quantité de chaleur nécessaire pour élever de un degré un gramme d'eau à 15°) est :

$$1 \text{ CALORIE} = 4,184 \text{ JOULES} \cong 4,20$$

d'où : $1 \text{ JOULE} = 0,239 \text{ CALORIE} \cong 0,24.$

Ces valeurs correspondent aux suivantes :

$$1 \text{ CALORIE} = \frac{426,67}{1\,000} \text{ KGM.}$$

$$1 \text{ KGM.} = 2,454 \text{ CALORIES.}$$

On appelle souvent GRANDE CALORIE la quantité de chaleur nécessaire pour élever de un degré un kilogramme d'eau à 15°.

On a évidemment :

$$1 \text{ GRANDE CALORIE} = 426,67 \text{ KGM.}$$

$$1 \text{ KGM} = \frac{2,454}{1000} \text{ GRANDE CALORIE.}$$

3° Unités électromagnétiques.

36. Pour des motifs qui seront indiqués plus loin [art. 58] il existe deux systèmes distincts, d'unités électriques, le SYSTÈME ÉLECTROMAGNÉTIQUE et le SYSTÈME ÉLECTROSTATIQUE.

Nous commencerons par le premier, dont l'usage est universel.

Le point de départ du SYSTÈME ÉLECTROMAGNÉTIQUE, est l'UNITÉ DE MASSE OU de PÔLE MAGNÉTIQUE déduite de la loi de Coulomb, appliquée au cas où les actions se produisent dans l'air. L'équation de définition de l'unité de pôle est donc :

$$f = \frac{PP'}{l^2}$$

et sa formule de dimension est, en conséquence :

$$P = F^{\frac{1}{2}} L = M^{\frac{1}{2}} L^{\frac{3}{2}} T^{-1}.$$

Les autres unités, électriques ou magnétiques, se déduisent de proche en proche de l'unité de pôle, au moyen des équations de définition, indiquées dans le tableau ci-après, avec les formules de dimension correspondantes.

Suivant l'exemple donné par MAURICE LÉVY[1], nous exprimons les dimensions en fonction des symboles : FLT (au lieu de MLT) parce que les formules ainsi obtenues, sont beaucoup plus simples et surchargent infiniment moins la mémoire que les formules usuelles. Ces formules font, en outre, ressortir d'une façon bien plus évidente les rapports entre les unités des systèmes électromagnétique et électrostatique.

Pour retrouver les dimensions en fonction de MLT il suffit évidemment de remplacer partout F par $\frac{ML}{T^2}$.

1. *Loc. cit.*, p. 16.

37. Unités électromagnétiques

GRANDEURS	SYM-BOLES	ÉQUATIONS DE DÉFINITION	FORMULES DE DIMENSIONS
Pôle magnétique. .	P	Loi de *Cou-lomb.* $f = \dfrac{PP'}{l^2}$	$P = \qquad F^{\frac{1}{2}}\, L$
Courant.	I	Loi de *Biot et Savart* (¹). $f = \dfrac{PI'}{l^2}$	$I = \dfrac{FL}{P} = F^{\frac{1}{2}}$
Résistance. . . .	R	Loi de *Joule.* $W = RI^2 T$	$R = \dfrac{FL}{I^2 T} = \dfrac{L}{T}$
Résistivité . . .	ρ	Définition. $R = \rho\,\dfrac{l}{s}$	$\rho = RL = \dfrac{L^2}{T}$
F. É. M. ou D. P. .	E	Loi d'*Ohm.* $I = \dfrac{E}{R}$	$E = RI = F^{\frac{1}{2}}\dfrac{L}{T}$
Quantité d'électri-cité.	Q	Loi de *Faraday.* $Q = IT$	$Q = \qquad = F^{\frac{1}{2}}\, T$
Capacité	C	Définition. $C = \dfrac{Q}{E}$	$C = \qquad \dfrac{T^2}{L}$
Intensité électrosta-tique	h	— $f = Qh$	$h = \dfrac{F}{Q} = F^{\frac{1}{2}}\dfrac{1}{T}$
Densité superficielle électrique. . .	σ_e	— $\sigma_e = \dfrac{Q}{s}$	$\sigma_e = \dfrac{Q}{L^2} = F^{\frac{1}{2}}\dfrac{T}{L^2}$
Intensité magnéti-que.	$\mathfrak{H}$	— $f = P\mathfrak{H}$	$\mathfrak{H} = \dfrac{F}{P} = F^{\frac{1}{2}}\dfrac{1}{L}$
Flux dans l'air . .	Ψ	— $\Psi = \mathfrak{H}S$	$\Psi = \qquad F^{\frac{1}{2}}\, L$
F. M. M. ou D. P. ma-gnétique	$\mathcal{EV}$	— (²) $\mathfrak{H} = \dfrac{\mathcal{V}}{l}$	$\mathcal{E} = \mathfrak{H}L = F^{\frac{1}{2}}$
Réluctance . . .	$\mathcal{R}$	Loi du circ. magnét. $\Psi = \dfrac{\mathcal{E}}{\mathcal{R}}$	$\mathcal{R} = \dfrac{\mathcal{E}}{\Psi} = \dfrac{1}{L}$
Self-induction . . .	$\mathcal{L}$	Définition (³) $E = \mathcal{L}\,\dfrac{1}{l}$	$\mathcal{L} = \dfrac{ET}{I} = L$
Moment magnéti-que.	$\mathfrak{M}$	— $\mathfrak{M} = Pl$	$\mathfrak{M} = \qquad = F^{\frac{1}{2}}\, L^2$
Intensité d'aiman-tation.	$\mathfrak{I}$	— $\mathfrak{I} = \dfrac{\mathfrak{M}}{vol.}$	$\mathfrak{I} = \qquad F^{\frac{1}{2}}\dfrac{1}{L}$
Densité superficielle magnétique . . .	σ_m	— $\sigma_m = \dfrac{P}{s}$	$\sigma_m = \dfrac{P}{L^2} = F^{\frac{1}{2}}\dfrac{1}{L}$
Susceptibilité . . .	$\varkappa$	— $\varkappa = \dfrac{\mathfrak{I}}{\mathfrak{H}}$	$\varkappa = \qquad 1.$

Voir les renvois au bas de la page suivante.

38. L'UNITÉ D'INTENSITÉ MAGNÉTIQUE ou, comme on dit aussi, de CHAMP MAGNÉTIQUE a reçu le nom de GAUSS et l'unité de FLUX MAGNÉTIQUE le nom de MAXWELL.

On a proposé le nom de GILBERT pour l'UNITÉ DE DIFFÉRENCE DE POTENTIEL MAGNÉTIQUE et celui d'OERSTED pour l'UNITÉ DE RÉLUCTANCE.

Ces deux noms étant supposés admis, les unités des grandeurs figurant dans la loi du circuit magnétique seraient reliées par la relation symbolique :

$$\text{MAXWELL} = \frac{\text{GILBERT}}{\text{OERSTED}}$$

analogue à la relation symbolique entre les unités des grandeurs qui figurent dans la loi d'Ohm :

$$\text{AMPÈRE} = \frac{\text{VOLT}}{\text{OHM}} .$$

39. INDUCTION. PERMÉABILITÉ. — Soit Φ le flux total à l'intérieur d'un tore de fer doux de section S, aimanté au moyen de N spires uniformément réparties à la surface du tore et parcourues par un courant I. L'induction moyenne, relative à une section droite du tore, est :

$$\mathfrak{B} = \frac{\Phi}{S} .$$

(¹) La formule de définition :
$$f = \frac{\mathrm{P}l'}{l^2}$$
détermine l'action f exercée par une longueur l' d'un courant circulaire constant I de rayon l sur une masse magnétique P placée au centre.
L'unité de courant s'en déduit en faisant
$$f = 1 \qquad \mathrm{P} = 1 \qquad l' = l = 1.$$

(²) La formule :
$$\mathcal{K} = \frac{\mathrm{V}}{l}$$
détermine la valeur absolue de l'intensité $\mathcal{K}$ d'un champ uniforme dans lequel la D. P. entre deux points d'une même ligne de force séparés par la distance l est V.
L'unité d'intensité s'en déduit en faisant
$$l = 1 \qquad \mathrm{V} = 1.$$

(³) La formule :
$$\mathrm{E} = \mathcal{L}\,\frac{\mathrm{I}}{\mathrm{T}}$$
détermine la valeur absolue de la force électromotrice E que fait naître dans un circuit de self-induction constante $\mathcal{L}$ une variation uniforme du courant qui traverse ce circuit, lorsque l'accroissement ou la diminution uniformes de ce courant pendant le temps t sont égales à I.
L'unité de coefficient de self-induction s'en déduit en faisant :
$$\mathrm{E} = 1 \qquad \mathrm{I} = 1 \qquad \mathrm{T} = 1.$$

Désignons par l la longueur moyenne, que nous supposerons grande par rapport aux dimensions linéaires de la section; la force magnétisante moyenne aura pour expression :

$$\mathcal{H} = \frac{4\pi NI}{l} \cdot$$

La perméabilité est :

$$\mu = \frac{\mathcal{B}}{\mathcal{H}} \cdot$$

Si on substituait au noyau en fer doux, une carcasse en carton, de forme identique, le flux créé dans l'air à l'intérieur du tore par le même courant que précédemment serait

$$\Psi = \mathcal{H}S.$$

Soit $\mathcal{I}$ l'intensité d'aimantation du noyau de fer, le flux supplémentaire dû à l'aimantation du noyau est :

$$\Psi_1 = 4\pi \mathcal{I}S$$

et l'on a :

$$\Phi = \Psi + 4\pi \mathcal{I}S$$
$$\mathcal{B} = \mathcal{H} + 4\pi \mathcal{I}$$
$$\mu = 1 + 4\pi \varkappa$$

$\varkappa = \dfrac{\mathcal{I}}{\mathcal{H}}$ désignant la *susceptibilité magnétique* du noyau.

Le principe d'homogénéité donne pour Φ $\mathcal{B}$ et μ les dimensions suivantes :

$$\mathcal{B} = \mathcal{H} = \mathcal{I} = \frac{F^{\frac{1}{2}}}{L}$$
$$\mu = \varkappa = \frac{\mathcal{I}}{\mathcal{H}} = 1$$
$$\Phi = \Psi = \mathcal{I}S = F^{\frac{1}{2}}L.$$

En conséquence . Φ et $\mathcal{B}$ ont respectivement les mêmes dimensions que

$$\Psi \text{ et } \mathcal{H}$$

et les grandeurs : μ et $\varkappa$ ont la dimension 1.

Remarque. — L'expression $\dfrac{\mathcal{B}\mathcal{H}}{8\pi}$ qui représente l'énergie intrinsèque par centimètre cube du noyau a pour dimension :

$$\mathcal{B}\mathcal{H} = \frac{F}{L^2} = \frac{FL}{L^3} = \frac{W}{L^3} \cdot$$

40. Coefficient numérique de la loi électrostatique de Coulomb. — La loi de Coulomb, relative aux actions électrostatiques, loi que pour abréger, nous appellerons la *loi électrostatique de Coulomb*, a pour expression générale :

$$f = \beta\,\frac{QQ'}{l^2}$$

β étant un nombre qui dépend du choix des unités.

Les unités de longueur et de force sont données (ce sont le centimètre et la dyne) et l'unité de quantité a été déterminée [art. 37] au moyen de la relation :

$$Q = lt.$$

Il en résulte que la valeur du coefficient numérique β est également déterminée ; nous ne pouvons donc lui donner arbitrairement la valeur *un* comme nous l'avons fait pour le coefficient numérique de la loi de Coulomb, relative aux actions magnétiques, que nous appellerons la *loi magnétique de Coulomb*.

Soit q la quantité d'électricité qui exerce sur une quantité égale placée dans l'air à l'unité de distance une force égale à l'unité (la dyne). Posons :

$$Q = Q' = q \quad l = 1 \quad f = 1$$

il vient :

$$q = \frac{1}{\sqrt{\beta}} \cdot$$

La quantité concrète d'électricité envisagée, soit $[q]$ est donc une fraction $\dfrac{1}{\sqrt{\beta}}$ de la quantité concrète $[Q]$ prise pour unité.

41. Le rapport $\qquad \dfrac{[Q]}{[q]} = \sqrt{\beta}$

a été déterminé pour la première fois, en 1856 par Weber et Kohlrausch[1] qui ont trouvé la valeur :

$$\sqrt{\beta} = 3{,}1074 \times 10^{10}$$

nombre très voisin de la vitesse de la lumière dans le vide [art. 43].

---

1. *Annales de Poggendorff*, 10 août 1856 et *Elektrodynamische Maassbestimmungen. IVe Abh.* p. 260. Leipzig 1857.

42. Vérifions l'homogénéité de la formule :

$$f = \beta \, \frac{QQ'}{l^2} \cdot$$

En nous rappelant que :

$$Q = F^{\frac{1}{2}} T.$$

nous trouvons que :

$$F = \beta \, \frac{FT^2}{L^2}$$

d'où :

$$\sqrt{\beta} = \frac{L}{T}$$

et par conséquent le coefficient $\sqrt{\beta}$ dont la valeur numérique est si voisine de celle de la vitesse de la lumière, a aussi les dimensions d'une vitesse.

43. D'après Maxwell le rapport $\frac{[Q]}{[q]}$ des grandeurs concrètes [Q] et [q], rapport qu'il désigne par v, doit être égal à la vitesse avec laquelle se propagent, dans l'air ou dans le vide (conformément aux idées de Faraday), les ondes magnétiques qui transmettent les actions magnétiques à travers l'espace et produisent les phénomènes d'induction, et cette vitesse doit être égale à celle de la lumière dans le vide.

Le rapport :
$$\frac{[Q]}{[q]} = v$$

est généralement appelé le v de Maxwell.

La moyenne des expériences les plus récentes pour la détermination de v [huit observations effectuées de 1879 à 1907 et dont les résultats sont compris entre : 2.980×10^{10} et 3.018×10^{10} ([1])] est :

$$v = 2{,}99 \times 10^{10}.$$

On admet généralement en chiffres ronds :

$$v = 3 \times 10^{10}.$$

1. Recueil des constantes physiques de la Société Française de Physique. Paris, 1913.

Rappelons que les expériences, sur la VITESSE DE LA LUMIÈRE effectuées de 1675 à 1902 ont donné une moyenne de[1] :

$$2,9925 \times 10^{10}.$$

La plus ancienne, celle de *Roemer* a donné : $2,922 \times 10^{10}$, la plus élevée, celle de *Fizeau*, a donné en 1849 $3,133 \times 10^{10}$ et la plus faible a donné $2,980 \times 10^{10}$.

1. Recueil des constantes physiques de la Société Française de Physique. Paris, 1913.

4° Unités pratiques.

A. — Définitions

44. Les unités électromagnétiques de résistance et de force électromotrice étant beaucoup trop faibles pour les mesures usuelles, on a adopté des unités de résistance et de force électromotrice dites unités pratiques qui sont égales aux unités E. M. multipliées par des puissances élevées de dix.

Ce sont :

l'Ohm unité de *résistance* valant : 10^9 unités EM.
et le Volt   —   *f. e. m.*   — 10^8 —   —

Afin que l'emploi de ces unités n'entraîne pas l'introduction de coefficients numériques dans les expressions des lois d'*Ohm*, de *Faraday* et de *Joule* savoir :

$$ I = \frac{E}{R} \qquad Q = It \qquad W = RI^2T $$

ou dans les expressions de la *force électromotrice de self-induction* de la *capacité* et de la *puissance* qui sont :

$$ E = L\frac{dI}{dt} \qquad C = \frac{Q}{E} \qquad P = \frac{dW}{dt} $$

on a également adopté des unités pratiques de courant, de quantité, d'énergie, de self-induction, de capacité et de puissance auxquelles on a donné respectivement les noms d'Ampère, Coulomb, Joule, Henry, Farad et Watt.

Les équations qui contiennent à la fois des unités pratiques et des unités C. G. S., autres que l'unité de temps, comportent des coefficients numériques. On verra plus loin (art. 49) pourquoi l'unité de temps constitue une exception.

Les définitions des unités pratiques et leurs valeurs, en fonction des unités C. G. S. correspondantes, sont résumées dans le tableau ci-après.

45. Unités pratiques

GRANDEUR	SYMBOLE	ÉQUATION DE DÉFINITION		NOM ET VALEUR DE L'UNITÉ		
Résistance.	R	Unité arbitraire.		Ohm	$=$	10^9 EM
F. E. M. .	E	—	—	Volt	$=$	10^8 —
Courant. .	I	Loi d'*Ohm.*	$I = \dfrac{E}{R}$	Ampère	$= \dfrac{Volt}{Ohm}$	10^{-1} —
Quantité .	Q	Loi de *Faraday.*	$\varphi = IT$	Coulomb	$=$ Amp.sec.	10^{-1} —
Energie. .	W	Loi de *Joule.*	$W = RI^2T$	Joule	$=$ Ohm.Amp.sec.	10^7 Ergs
Puissance.	P	Définition.	$P = \dfrac{W}{T}$	Watt	$= \dfrac{Joule}{sec.} =$	$10^7 \dfrac{Ergs}{sec.}$
Capacité .	C	—	$C = \dfrac{Q}{E}$	Farad	$= \dfrac{Coulomb}{Volt} =$	10^{-9} EM
Self-induction . . .	$\mathcal{L}$	—	$E = \mathcal{L}\dfrac{I}{T}$	Henry	$= \dfrac{Volt}{Amp/sec.} =$	10^9 EM

46. Pour faire usage des unités pratiques, il suffit, conformément à la règle générale de l'article 7, de multiplier par les puissances de 10 indiquées dans le tableau ci-dessus, les symboles qui figurent dans les équations.

Ainsi, par exemple, la loi de la force électromotrice d'induction, laquelle, en fonction des unités E. M. s'écrit :

$$e = -\frac{d\Phi}{dt} . \text{ C. G. S.}$$

s'écrira, en fonction des unités pratiques :

$$10^8 e = -\frac{d\Phi}{dt}$$

d'où

$$e = -\frac{d\Phi}{dt} 10^{-8} \text{ volts.}$$

47. Microfarad. — L'unité pratique de capacité le *Farad* est beaucoup trop grande pour les mesures usuelles ; on lui substitue généralement le microfarad (μF) qui vaut : 10^{-15} unités E. M.

La relation entre la *capacité* d'un condensateur exprimée en *microfarads* sa *charge* exprimée en *Coulombs* et sa *tension* exprimée en *Volts* est :

$$10^{-15}C = \frac{Q.10^{-1}}{E.10^{8}}$$

d'où
$$C = 10^{6}\,\frac{Q}{E}\ \text{microfarads}.$$

48. REMARQUE. — Si, ainsi que l'avait proposé le Dr Esselbach en 1862[1] on avait adopté pour unité pratique de f. é. m. l'unité E. M. multipliée par la même puissance de 10 que l'unité E. M. de résistance, soit 10^{9}; les unités pratiques de courant et de quantité se confondraient avec les unités E. M. et les unités pratiques d'énergie et de puissance seraient égales aux unités E. M. correspondantes multipliées par 10^{9} de sorte que les seuls facteurs à faire intervenir seraient :

10^{9} pour l'OHM, le VOLT, le JOULE, le WATT et le HENRY.

10^{-9} pour le FARAD ce qui serait beaucoup plus simple.

Le motif qui a dicté le choix du facteur 10^{8} pour la définition de l'unité pratique de f. é. m. (à une époque où les principales applications industrielles et commerciales de l'électricité étaient la télégraphie) est que la f. é. m. d'un *élément Daniell* diffère peu de 10^{8} unités E. M. Cette f. é. m. est, en effet, comprise entre $1,026 \times 10^{8}$ et $1,045 \times 10^{8}$ unités E. M.[2].

Quant à la valeur de l'unité pratique de résistance elle est assez voisine de celle de l'*étalon Siemens* alors très employé, lequel était constitué par une colonne de mercure à 0° de 1^{mm^2} de section et de 1 mètre de longueur [art. 100].

Nous savons aujourd'hui que la longueur d'une colonne de mercure à 0° de 1^{mm^2} de section dont la résistance est de un ohm, est égale à 106.3 cm. l'unité Siemens valait donc effectivement $\frac{100}{106.3} = 0.9407$ ohm.

B. — UNITÉS FONDAMENTALES DU SYSTÈME PRATIQUE

49. Les unités pratiques, considérées indépendamment des autres unités, forment un système dont les unités fondamentales

1. *Reports of the committee on electrical standards* appointed by the. *British Association for the advancement of Science*, p. 9. Londres 1873.

2. *Reports of the committee on electrical standards*, p. 31.

ne sont pas celles du système C. G. S. et qu'on appelle :
UNITÉS FONDAMENTALES DU SYSTÈME PRATIQUE.

Il est facile d'en déterminer la valeur.

En effet :

Le *module de l'unité de self-induction*, quand on passe du système C. G. S. au système pratique est :

$$\mathcal{L} = 10^9.$$

La dimension d'un coefficient de self-induction étant L, le module de l'unité de longueur est égal à celui du coefficient de self-induction. En conséquence :

L'UNITÉ PRATIQUE DE LONGUEUR est $[L] = 10^9$ cm. Longueur du quadrant terrestre.

Le module de l'unité de résistance est :

$$R = 10^9$$

la formule de dimension de la résistance soit :

$$R = \frac{L}{T}$$

montre que le module de l'unité de temps est :

$$T = \frac{L}{R} = \frac{10^9}{10^9} = 1$$

l'UNITÉ PRATIQUE DE TEMPS est donc la même que l'unité C. G. S. c'est pourquoi ainsi qu'il est dit plus haut [art. 44] les équations qui ne contiennent pas à la fois des unités pratiques et des unités C. G. S. autres que le temps, n'ont pas de coefficient numérique.

Le module de l'unité d'énergie est :

$$W = 10^7$$

l'équation de dimension : $W = \frac{ML^2}{T^2}$ donne pour le module de la masse :

$$M = W \frac{T^2}{L^2} = \frac{10^7 \times 1}{10^{18}} = 10^{-11}$$

l'UNITÉ PRATIQUE DE MASSE :

$$[M] = 10^{-11} \text{ gramme.}$$

50. Pour que le système des unités électriques employées fût *cohérent*, il faudrait que toutes les unités sans exception fussent rattachées aux unités fondamentales

$$[\text{L}] = 10^9 \text{ centimètres.}$$
$$[\text{M}] = 10^{-11} \text{ grammes.}$$
$$[\text{T}] = 1 \text{ seconde.}$$

comme le sont les huit unités pratiques qui ont été adoptées [art. 45].

On trouve immédiatement, exprimée en unité C. G. S., la valeur, dans le système pratique, d'une unité dérivée quelconque, en remplaçant dans la formule de dimension correspondante :

$$\text{L par } 10^9 \qquad \text{M par } 10^{-11} \qquad \text{T par } 1.$$

Les valeurs qu'auraient dans le système pratique les unités dérivées qui ne font pas partie des unités pratiques E. M. sont indiquées dans le tableau ci-après.

51. Unités dérivées du système pratique qui n'ont pas été adoptées

GRANDEURS	SYM-BOLES	DIMENSIONS ET VALEURS
Force	F	$F = \dfrac{ML}{T^2} = 10^{-11+9} = 10^{-2}$ dynes.
Pôle magnétique	P	$P = F^{\frac{1}{2}} L = 10^{-1+9} = 10^8$ EM.
Intensité magnétique . .	$\mathfrak{IC}$	$\mathfrak{IC} = F^{\frac{1}{2}} \dfrac{1}{L} = 10^{-1-9} = 10^{-10}$ Gauss.
Flux dans l'air	Ψ	$\Psi = F^{\frac{1}{2}} L = 10^{-1+} = 10^5$ Maxwell.
F. M. M. ou D. P. magn..	$\mathcal{E}$	$\mathcal{E} = F^{\frac{1}{2}} = 10^{-1} = 10^{-1}$ Gilbert.
Réluctance	$\mathcal{R}$	$\mathcal{R} = \dfrac{1}{L} = 10^{-9} = 10^{-9}$ Oersted.
Moment magnétique. . .	$\mathfrak{M}$	$\mathfrak{M} = F^{\frac{1}{2}} L^2 = 10^{-1+10} = 10^{17}$ EM.
Intensité d'aimantation .	$\mathfrak{I}$	
Densité magn. superfic. .	σ	$\mathfrak{I} = \sigma = F^{\frac{1}{2}} \dfrac{1}{L} = 10^{-1-9} = 10^{-10}$ EM.

52. REMARQUE. — En tant que système, le système pratique est purement fictif, car on ne se sert jamais ni de ses unités fondamentales, ni d'aucune unité dérivée autre que les huit unités spécialement définies [art. 45].

Le seul système employé, en réalité, est le système C. G. S. et ainsi qu'il est dit plus haut [art. 46] on introduit dans les formules exprimées en fonctions des unités C. G. S., les modules des unités pratiques, au même titre que ceux de toutes les autres unités usuelles, telles que le cheval-vapeur, le kilogramme-force, et les unités particulières indiquées au paragraphe suivant.

Les unités dites fondamentales du système pratique ne jouent, en réalité, aucun rôle et n'interviennent jamais.

5° Unités particulières

Ohm-centimètre. — Ampère-tours. — Ampère tours-centimètre

53. On fait usage en électrotechnique de trois unités particulières, l'ohm-centimètre, l'ampère-tour et l'ampère tours-centimètre dont la seconde est de l'ordre des unités pratiques, alors que les deux autres n'appartiennent, à proprement parler, ni au système pratique, ni au système C. G. S.

Résistivité *(Symbole. ρ)*.

54. La résistivité a pour équation de définition :

$$R = \rho\,\frac{l}{s}$$

et pour équation de dimension :

$$\rho = Rl.$$

Dans le système pratique, l'unité de résistivité correspondrait à :

$$R = 10^9 \text{ EM } = 1 \text{ ohm.}$$
$$L = 10^9 \text{ c.m.} = 1 \text{ quadrant.}$$

Ce serait l'*ohm-quadrant* $= 10^{18}$ E. M.

Au lieu de cette unité on a adopté l'ohm-centimètre qui correspond à :

$$R = 10^9 \text{ EM} = 1 \text{ ohm}$$
$$L = 1 \text{ cm.}$$

Il se rattache par l'*ohm* au système pratique et par le *c. m.* au système C. G. S. et on a :

$$1 \text{ ohm-centimètre} = 10^9 \text{ E. M.}$$

Dans l'expression de la résistance, la résistivité évaluée en ohm-centimètre : (ρ_{ocm}) donne la résistance en ohm (R_o) lorsque la longueur et la section sont évaluées en c. m. On a, en effet dans ce cas :

$$10^9 R_0 = 10^9 \, \rho_{ocm} \frac{l}{s}$$

ou :

$$R_0 = \rho_{ocm} \frac{l}{s} \cdot$$

On n'emploie en général que des multiples ou sous-multiples de l'ohm-centimètre.

Pour la MESURE DES CONDUCTEURS on fait usage du MICROHM-CENTIMÈTRE (μocm) valant 10^3 E. M.

Désignons par $\rho_{\mu ocm}$ la résistivité en microhm-centimètres on a :

$$10^9 R_0 = 10^3 \rho_{\mu ocm} \frac{l}{s}$$

d'où :

$$R_0 = \rho_{\mu ocm} \frac{l}{s} \times 10^{-6}$$

mais on évalue, en général la longueur des conducteurs en mètres (l_m) [quelquefois même en kilomètres (l_{km})] et la section en mm. (s_{mm}) et l'on a :

$$R_0 = \rho_{\mu ocm} \frac{l_m}{s_{mm}} \cdot 10^{-2}$$

Ainsi la résistivité du *cuivre* à la température ordinaire est comprise, suivant son degré de pureté, entre 1.75 et 2 μocm, et la résistance d'un conducteur en cuivre a pour expression approchée, avec les unités adoptées :

$$R = 0{,}02 \frac{l}{s} \text{ ohms.}$$

formule d'un usage courant.

Pour la MESURE DES ISOLANTS on fait usage du MÉGOHM-CENTI-MÈTRE [Mocm] valant 10^{15} E. M. et on a (les longueurs et sections étant évaluées en centimètres).

$$R_0 = \rho_{Mocm} \frac{l}{s} \cdot$$

Exemple. — La résistivité du *pétrole* :

$$\rho_{ocm} = 2 \times 10^{19} \text{ ohm-centimètres.}$$
$$\rho_{Mocm} = 2 \times 10^{13} \text{ mégohm-centimètres.}$$

COURANT-TOUR (*Symbole.* C').

55. Les COURANT-TOURS d'une bobine sont, le produit du courant circulant dans le fil de la bobine, par le nombre de tours de ce fil.

Équation de définition :

$$C^t = NI.$$

Équation de dimension :

$$C^t = I.$$

D'après un théorème connu, la D. P. magnétique $\mathcal{E}$ entre les deux faces d'un courant fermé d'intensité (NI) a pour expression :

$$\mathcal{E} = 4\pi.NI$$

d'où :

$$C^t = \frac{\mathcal{E}}{4\pi} \cdot$$

En désignant les unités par des symboles entre crochets on a :

$$[C^t] = 4\pi[\mathcal{E}].$$

L'unité de courant-tour est donc égale à l'unité de différence de potentiel magnétique multipliée par 4π.

Dans le système C. G. S.

$$[\mathcal{E}] = \text{Gilbert}$$

par conséquent : $[C^t]_{\text{c.g.s.}} = 4\pi \times \text{Gilbert}.$

Dans le système pratique :

$$[I] = \frac{1}{10} = \text{Ampère}$$

par conséquent : $[C^t]_{\text{prat}} = \frac{1}{10}\,[C^t]_{\text{c.g.s.}}$

ou en désignant les AMPÈRE-TOURS par A^t.

$$[A^t] = 0,4\pi \ \text{GILBERT} = 1,257 \ \text{GILBERT}.$$

On se contente, en général, de l'approximation :

$$1 \ \text{AMPÈRE-TOUR} = 1,25 \ \text{GILBERT}.$$

COURANT-TOURS PAR UNITÉ DE LONGUEUR D'UNE BOBINE BOBINÉE D'UNE FAÇON UNIFORME (*Symbole.* C^t_1.)

56. Équation de définition :

$$C^t_1 = \frac{NI}{l}$$

Équation de dimension :

$$C = \frac{I}{L} \cdot$$

On a évidemment :

$$C_i = \frac{1}{i} C^i = \frac{1}{i} \cdot \frac{\mathcal{C}}{4\pi} = \frac{\mathcal{H}}{4\pi}$$

d'où :

$$[C_i] = 4\pi[\mathcal{H}]$$

et p. c. l'unité de courant-tour par unité de longueur est égale à l'unité de force magnétisante multipliée par 4π.

Dans le système C. G. S.

$$[C_i] = [C^i_{cm}]$$
$$[\mathcal{H}] = \text{Gauss}$$

par conséquent : 1 courant-tour-cm $= 4\pi$ Gauss.

Dans le système pratique.

$$I = \frac{1}{10} \text{ EM} = 1 \text{ Ampère}$$
$$L = 10^9 = 1 \text{ Quadrant}$$

par conséquent :

$$1 \text{ Ampèretours-quadrant} = \frac{1}{10^{10}} [C^i_{cm}] = \frac{4\pi}{10^{10}} \text{ Gauss.}$$

L'unité adoptée est l'AMPÈRETOURS-CENTIMÈTRE qui correspond à :

$$I = \frac{1}{10} \text{ EM} = 1 \text{ Ampère}$$
$$L = 1 \text{ cm}$$

d'où :

$$1 \text{ AMPÈRETOURS-CENTIMÈTRE} = 0,4 \pi \text{ GAUSS} = 1,257 \text{ GAUSS.}$$

On se contente généralement de l'approximation :

$$1 \text{ AMPÈRETOURS-CENTIMÈTRE} = 1,25 \text{ GAUSS.}$$

57. REMARQUE. — Les rapports que nous venons d'établir entre les UNITÉS donnent entre les MESURES correspondantes les deux relations :

$$\mathcal{C} = 0,4 \pi N I_A = 1,25 A^i$$
$$\mathcal{H} = 0,4 \pi \frac{N I_A}{l} = 1,25 A^i_{cm}.$$

6° Unités électrostatiques.

58. L'unité E. M. de quantité est égale nous l'avons vu [art. 40 et 41] à v fois la charge q qui exerce sur une charge égale, placée dans l'air à la distance de 1 centimètre une force égale à 1 dyne ; cette unité est beaucoup trop grande pour l'évaluation des attractions et répulsions électrostatiques.

On pourrait, il est vrai, adopter un sous-multiple décimal de l'unité E. M. et prendre, par exemple, pour unité, l'unité E. M. multipliée par 10^{-10}, mais l'exactitude des valeurs attribuées aux charges, dont on mesure les actions au moyen de la balance de Coulomb, dépendrait de l'exactitude de la valeur attribuée au coefficient v laquelle est imparfaitement connue.

Ajoutons qu'à l'époque où fût élaboré le système C. G. S. des doutes subsistaient dans beaucoup d'esprits, non seulement sur la valeur mais aussi sur la nature même de ce coefficient. Ce n'est, en effet, qu'en 1887 que les célèbres expériences de HERTZ vinrent confirmer d'une façon éclatante les vues géniales de MAXWELL (mort en 1879).

En fait, à côté du système C. G. S. ÉLECTROMAGNÉTIQUE qui avait pour point de départ l'unité de pôle magnétique, défini par l'équation :

$$f = \frac{PP'}{l^2}$$

et dans lequel la loi (E. S.) de Coulomb avait pour expression :

$$f = v^2 \frac{QQ'}{l^2}$$

on créa un second système dit : C. G. S. ÉLECTROSTATIQUE, en prenant pour point de départ l'unité de quantité électrique, définie par la relation :

$$f = \frac{qq'}{l^2}$$

q et q' désignant les mesures des quantités d'électricité dans le nouveau système.

L'unité E. S. de quantité ainsi définie, est v fois plus petite que l'unité E. M. [art. 40 à 43] ce que nous exprimons symboliquement par la relation :

$$[q] = \frac{1}{v} [Q]$$

En outre ses dimensions sont différentes, puisque :

$$q = F^{1/2}L.$$

alors que :

$$Q = F^{1/2}T.$$

Les autres unités, tant électriques que magnétiques se déduisent, de proche en proche, de l'unité de quantité comme elles se déduisaient de l'unité de pôle dans le système E. M. et LES ÉQUATIONS DE DÉFINITION SONT COMMUNES AUX DEUX SYSTÈMES, à l'exception des deux lois de Coulomb :

$$f = \frac{pp'}{l^2} \qquad f = \frac{qq'}{l^2}$$

dont la première définit l'unité de pôle dans le système E. M. et la seconde l'unité de quantité dans le système E. S.

De plus, une équation quelconque sert à définir l'unité de la même grandeur dans les deux systèmes, sauf les quatre équations suivantes qui définissent dans les deux systèmes des unités différentes :

ÉQUATIONS DE DÉFINITION	UNITÉ DÉFINIE DANS LE SYSTÈME	
	E. M.	E. S.
Loi de *Biot et Savart* $f = \dfrac{pp'}{l^2}$	I	P
Loi de *Faraday* $Q = \dfrac{I}{T}$	Q	I
Loi d'*Ohm* $I = \dfrac{E}{R}$	E	R
Loi de *Joule* $W = RI^2T$ (ou, en tenant compte des deux relations précédentes : $W = EQ$).	R	E

59. Dans ce qui suit, nous représenterons en principe par des lettres majuscules les mesures des grandeurs électriques et magnétiques évaluées en unités E. M. et par de petites lettres, les mêmes mesures évaluées en unités E. S. Pour les mesures représentées par de petites lettres dans le système E. M. nous accentuerons les symboles correspondants dans le système E. S. [v. art. 61].

60. Le tableau ci-après indique les ÉQUATIONS DE DÉFINITION et les DIMENSIONS ÉLECTROSTATIQUES des principales unités électriques ainsi que celles des unités de pôle magnétique et d'intensité magnétique.

Les dimensions des autres unités s'obtiennent aisément en appliquant les formules de dimension, qui figurent dans le tableau des unités E. M. [art. 37].

61. UNITÉS ÉLECTROSTATIQUES

GRANDEURS	SYM-BOLES	ÉQUATIONS DE DÉFINITION		FORMULES DE DIMENSION	
Quantité d'électricité	q	Loi de *Coulomb*	$f = \dfrac{qq'}{l^2}$	$q =$	$F^{\frac{1}{2}}\, L$
Courant	i	Loi de *Faraday*	$q = it$	$i = \dfrac{q}{T} = F^{\frac{1}{2}}\dfrac{L}{T}$	
F. E. M. ou D. P. .	e	Energie	$eq = W$	$e = \dfrac{W}{q} = F^{\frac{1}{2}}$	
Résistance . . .	r	Loi d'*Ohm*	$i = \dfrac{e}{r}$	$r = \dfrac{c}{i}$	$\dfrac{T}{L}$
Résistivité . . .	ρ'	Définition	$r = \rho'\dfrac{l}{s}$	$\rho' = rL =$	T
Capacité	c	—	$c = \dfrac{q}{e}$	$c = \dfrac{q}{e} =$	L
Intensité électrostatique. . . .	h'	—	$f = qh'$	$h' = \dfrac{F}{q} = F^{\frac{1}{2}}\dfrac{1}{L}$	
Densité superficielle. . . .	σ'_e	—	$\sigma'_e = \dfrac{q}{s}$	$\sigma_e' = \dfrac{q}{L^2} = F^{\frac{1}{2}}\dfrac{1}{L}$	
Pôle magnétique.	p	Loi de *Biot et Savart*	$f = \dfrac{p^2l'}{l^2}$	$p = \dfrac{FL}{i} = F^{\frac{1}{2}}\,T$	
Intensité magnétique. . . .	$\mathcal{H}'$	Définition	$f = p\mathcal{H}'$	$\mathcal{H}' = \dfrac{F}{p} = F^{\frac{1}{2}}\dfrac{1}{T}$	

62. Sachant que le rapport $\dfrac{[Q]}{[q]}$ de l'unité E. M. à l'unité E. S. de quantité est égal à v [art. 58] et qu'en conséquence le rapport $\dfrac{Q}{q}$ des mesures d'une même quantité, en unités E. M. et en unités E. S. est égal à $\dfrac{1}{v}$ on déduit aisément des équations de définition, les rapport des unités E. M. et E. S. de toutes les grandeurs.

Ces rapports sont indiqués dans le tableau ci-après pour quelques-unes d'entre elles.

63. Rapports des unités E. M. et E. S.

ÉQUATIONS DE DÉFINITION	RAPPORT DES MESURES (E. S.) et (E. M.)	RAPPORT DES UNITÉS (E. M.) et (E. S.)
q	$q = vQ$	$[Q] = v\,[q]$
$i = \dfrac{q}{t} = \dfrac{vQ}{t} = vI$	$i = vI$	$[I] = v\,[i]$
$e = \dfrac{W}{q} = \dfrac{1}{v}\dfrac{W}{Q} = \dfrac{1}{v}E$	$e = \dfrac{1}{v}E$	$[E] = \dfrac{1}{v}[e]$
$r = \dfrac{e}{i} = \dfrac{\frac{1}{v}E}{vI} = \dfrac{1}{v^2}R$	$r = \dfrac{1}{v^2}R$	$[R] = \dfrac{1}{v^2}[r]$
$\rho' = \dfrac{s}{l}r = \dfrac{1}{v^2}\dfrac{s}{l}R = \dfrac{1}{v^2}\rho$	$\rho = \dfrac{1}{v^2}\rho'$	$[\rho'] = \dfrac{1}{v^2}[\rho]$
$c = \dfrac{q}{e} = \dfrac{vQ}{\frac{1}{v}E} = v^2C$	$c = v^2C$	$[C] = v^2\,[c]$
$h' = \dfrac{f}{q} = \dfrac{f}{vQ} = \dfrac{1}{v}h$	$h' = \dfrac{1}{v}h$	$[h] = \dfrac{1}{v}[h']$
$\sigma'_e = \dfrac{q}{s} = v\dfrac{Q}{s} = v\sigma_e$	$\sigma'_e = v\sigma_e$	$[\sigma_e] = v\,[\sigma'_e]$
$p = \dfrac{fl}{i} = \dfrac{1}{v}\dfrac{fl}{I} = \dfrac{1}{v}P$	$p = \dfrac{1}{v}P$	$[P] = \dfrac{1}{v}[p]$
$\mathcal{H}' = \dfrac{f}{p} = \dfrac{f}{\frac{1}{v}P} = v\mathcal{H}$	$\mathcal{H}' = v\mathcal{H}$	$[\mathcal{H}] = v\,[\mathcal{H}']$

64. Pour déterminer, à la fois les dimensions des unités E. M. et E. S. il est commode de mettre l'équation magnétique de Coulomb, sous la forme :

$$f = \alpha \frac{pp'}{l^2}$$

et d'appliquer les équations de définition du système électromagnétique [art. 37] en laissant subsister le coefficient α. On obtient ainsi, des formules de dimension, en fonction de F, L, T, et α.

En faisant dans ces formules :

$$\alpha = 1$$

on obtient les dimensions des unités, dans le système E. M.

En faisant, dans ces mêmes formules :

$$\alpha = v^2 = \frac{L^2}{T^2}$$

on obtient les dimensions des unités dans le système E. S.

Le tableau, ci-après [art. 65] est établi d'après ce principe.

Le rapport d'une unité E. M. à l'unité E. S. correspondante (dernière colonne du tableau) est le nombre v affecté d'un exposant qui est celui du coefficient α dans la formule de dimension de l'unité envisagée.

Il est aisé, de vérifier, qu'on arriverait au même résultat, en mettant l'équation E. S. de Coulomb, sous la forme :

$$f = \beta \frac{qq'}{l^2}$$

et en appliquant les équations de définition du système E. S. [art. 61] en laissant subsister partout le coefficient β. On obtiendrait ainsi des formules de dimension en fonction de F, L, T et β.

En faisant, dans ces formules :

$$\beta = 1$$

on obtiendrait les dimensions des unités dans le système E. S.

65. Unités E. M. et E. S.

GRANDEUR	SYMBOLE	ÉQUATIONS DE DÉFINITION	FORMULES DE DIMENSIONS	DIMENSIONS		RAPPORT
				E. M. $(x=1)$	E. S. $(x=v^2)$	E. M. / E. S.
Pôle magnétique	P	$f = \alpha \dfrac{PP'}{L^2}$	$P = \;= F^{\frac{1}{2}} L x^{-\frac{1}{2}}$	$F^{\frac{1}{2}} L$	$F^{\frac{1}{2}} T$	$\dfrac{1}{v}$
Courant	I	$f = \dfrac{PI\ell}{l^2}$	$I = \dfrac{FL}{P} = F^{\frac{1}{2}} x^{+\frac{1}{2}}$	$F^{\frac{1}{2}}$	$F^{\frac{1}{2}} \dfrac{L}{T}$	v
Résistance	R	$W = RI^2 t$	$R = \dfrac{FL}{I^2 T} = \dfrac{L}{T} x^{-1}$	$\dfrac{L}{T}$	$\dfrac{T}{L}$	$\dfrac{1}{v^2}$
Résistivité	ρ	$R = \rho \dfrac{l}{s}$	$S = RL = \dfrac{L^2}{T} x^{-1}$	$\dfrac{L^2}{T}$	T	$\dfrac{1}{v^2}$
F. E. M. ou D. P.	E	$I = \dfrac{E}{R}$	$E = RI = F^{\frac{1}{2}} \dfrac{L}{T} x^{-\frac{1}{2}}$	$F^{\frac{1}{2}} \dfrac{L}{T}$	$F^{\frac{1}{2}}$	$\dfrac{1}{v}$
Quantité	Q	$Q = IT$	$Q = IT = F^{\frac{1}{2}} T x^{\frac{1}{2}}$	$F^{\frac{1}{2}} T$	$F^{\frac{1}{2}} L$	v
Capacité	C	$C = \dfrac{Q}{E}$	$C = \dfrac{Q}{E} = \dfrac{T^2}{L} x$	$\dfrac{T^2}{L}$	L	v^2
Intensité électrostatique	A	$f = AQ$	$A = \dfrac{f}{Q} = F^{\frac{1}{2}} \dfrac{1}{T} x^{-\frac{1}{2}}$	$F^{\frac{1}{2}} \dfrac{1}{T}$	$F^{\frac{1}{2}} \dfrac{1}{L}$	$\dfrac{1}{v}$
Densité superficielle électrique	σ_e	$\sigma_e = \dfrac{Q}{S}$	$\sigma_e = \dfrac{Q}{S} = F^{\frac{1}{2}} \dfrac{T}{L^2} x^{\frac{1}{2}}$	$F^{\frac{1}{2}} \dfrac{1}{T}$	$F^{\frac{1}{2}} \dfrac{1}{L}$	v
Intensité magnétique	$\mathcal{H}$	$F = P\mathcal{H}$	$\mathcal{H} = \dfrac{F}{P} = F^{\frac{1}{2}} \dfrac{1}{L} x^{\frac{1}{2}}$	$F^{\frac{1}{2}} \dfrac{T}{L^2}$	$F^{\frac{1}{2}} \dfrac{1}{T}$	v
Flux magnétique	Ψ	$\Psi = \mathcal{H}S$	$\Psi = \mathcal{H}S = F^{\frac{1}{2}} L x^{\frac{1}{2}}$	$F^{\frac{1}{2}} L$	$F^{\frac{1}{2}} \dfrac{L^2}{T}$	v
F. M. M. ou D. P. magnétique	$\mathcal{E}, \mathcal{V}$	$\mathcal{H} = \dfrac{\mathcal{V}}{l} = \dfrac{\mathcal{E}}{\mathcal{R}}$	$\mathcal{E} = \mathcal{H}L = F^{\frac{1}{2}} x^{\frac{1}{2}}$	$F^{\frac{1}{2}}$	$F^{\frac{1}{2}} \dfrac{L}{T}$	v
Réluctance	$\mathcal{R}$	$\Psi = \dfrac{\mathcal{E}}{\mathcal{R}}$	$\mathcal{R} = \dfrac{\mathcal{E}}{\Psi} = \dfrac{1}{L}$	$\dfrac{1}{L}$	$\dfrac{T^2}{L}$	1
Self-induction	$\mathcal{L}$	$E = \mathcal{L} \dfrac{I}{T}$	$\mathcal{L} = \dfrac{ET}{I} = L x^{-1}$	L	$\dfrac{T^2}{L}$	$\dfrac{1}{v^2}$
Moment magnétique	$\mathfrak{M}$	$\mathfrak{M} = Pl$	$\mathfrak{M} = Pl = F^{\frac{1}{2}} L^2 x^{-\frac{1}{2}}$	$F^{\frac{1}{2}} L^2$	$F^{\frac{1}{2}} LT$	$\dfrac{1}{v}$
Intensité d'aimantation	$\mathfrak{I}$	$\mathfrak{I} = \dfrac{\mathfrak{M}}{\text{vol.}}$	$\mathfrak{I} = \dfrac{\mathfrak{M}}{\text{vol}} = F^{\frac{1}{2}} \dfrac{1}{L} x^{-\frac{1}{2}}$	$F^{\frac{1}{2}} \dfrac{1}{L}$	$F^{\frac{1}{2}} \dfrac{T}{L^2}$	$\dfrac{1}{v}$
Densité superficielle magnétique	σ	$\sigma = \dfrac{P}{s}$	$\sigma = \dfrac{P}{S} = F^{\frac{1}{2}} \dfrac{1}{L} x^{-\frac{1}{2}}$	$F^{\frac{1}{2}} \dfrac{1}{L}$	$F^{\frac{1}{2}} \dfrac{T}{L^2}$	$\dfrac{1}{v}$
Susceptibilité magnétique	$\varkappa$	$\varkappa = \dfrac{\mathfrak{I}}{\mathcal{H}}$	$\varkappa = \dfrac{\mathfrak{I}}{\mathcal{H}} = x^{-1}$	1	$\dfrac{T^2}{L^2}$	$\dfrac{1}{v^2}$

En faisant ensuite :

$$\beta = v^3 = \frac{L^2}{T^4}$$

on obtiendrait les dimensions des mêmes unités dans le système E. M.

Remarque. — Le produit des deux coefficients α et β a pour valeur :

$$\alpha\beta = v^2.$$

7° Coefficients numériques de quelques relations
dans le système E. S.

66. Loi magnétique de Coulomb. — De même que dans le système E. M. l'expression de la loi (E. S.) de Coulomb contient un coefficient dont les exposants de dimension ne sont pas nuls ; de même, dans le système E. S., l'expression de la loi magnétique de Coulomb, comporte un coefficient dont la dimension est différente de un.

En effet, dans le système E. M. on a :

$$f = \frac{PP'}{l^2}$$

mais il résulte du tableau de l'article 63 que :

$$P = vp \qquad P' = vp'$$

d'où dans le système E. S.

$$f = v^2 \, \frac{pp'}{l^2}$$

Cette équation est bien homogène, car si nous remplaçons les symboles par leurs dimensions, en nous rappelant que :

$$p = F^{1/2}T$$

nous trouvons :

$$F = \left(\frac{L}{T}\right)^2 \cdot \frac{FT^2}{L^2} = F$$

67. En résumé, les deux lois de Coulomb ont, dans les deux systèmes, les expressions ci-après (nous plaçons en regard les dimensions des pôles magnétiques et des masses électriques).

ÉQUATIONS DE COULOMB		DIMENSIONS	
Système E. M.	*Système E. S.*	*Système E. M.*	*Système E. S.*
$f = \dfrac{P^2}{l^2}$	$f = v^2 \, \dfrac{p^2}{l^2}$	$P = F^{1/2}L$	$p = F^{1/2}T$
$f = \dfrac{v^2 Q^2}{l^2}$	$f = \dfrac{q^2}{l^2}$	$Q = F^{1/2}T$	$q = F^{1/2}L$

68. REMARQUE. — Alors que dans le système E. M. la loi (E. S.) de Coulomb, est pratiquement la seule, dont l'expression, pour être homogène, exige l'introduction d'un coefficient numérique variable avec les unités, dans le système E. S. au contraire on rencontre un assez grand nombre de relations qui sont dans le même cas.

En outre, et contrairement à ce que pensait Maxwell, LES DIMENSIONS DES UNITÉS DES GRANDEURS MAGNÉTIQUES, NE SONT PAS ENTIÈREMENT DÉTERMINÉES A PRIORI, DANS LE SYSTÈME E. S. Elles dépendent des équations dont on fait usage pour rattacher ces unités aux autres [art. 70 et 76]. Aussi, quand, se servant des unités E. S. on rencontre des équations contenant des grandeurs magnétiques, il est utile de vérifier l'homogénéité de ces équations, pour éviter des erreurs possibles.

Nous passerons en revue les principales relations qui dans le système E. S. comportent des coefficients numériques

69. CONDUCTEUR RECTILIGNE DANS UN CHAMP UNIFORME. — Considérons un conducteur rectiligne dirigé normalement aux lignes de force d'un champ uniforme d'intensité $\mathcal{3C}$.

D'après la loi de Biot et Savart, si ce conducteur est parcouru par un courant I, il subit de la part du champ un effort qui est normal au plan passant par le conducteur et parallèle à la direction des lignes de force ; effort dont la valeur numérique pour une longueur l est déterminée dans le système E. M. par la relation

$$f = \mathcal{3C}Il.$$

Pour avoir la relation correspondante dans le système E. S. remplaçons les mesures (E. M.) $\mathcal{3C}$ et I par leurs valeurs en fonction des mesures (E. S.) $\mathcal{3C}'$ et i [tableaux des art. 63 et 65].

On a :
$$\mathcal{3C} = \frac{1}{v}\,\mathcal{3C}' \qquad I = \frac{1}{v}\,i \quad ,$$

d'où :
$$f = \frac{1}{v^2}\,\mathcal{3C}'li$$

relation qui comporte le facteur numérique $\dfrac{1}{v^2}$ dont les dimensions sont :

$$\left(\frac{T^2}{L^2}\right).$$

D'après la loi de Faraday, si le conducteur se déplace normalement aux lignes de force avec une vitesse V, il est le siège,
sur une longueur l, d'une force électromotrice dont l'expression est, dans le système E. M.

$$E = \mathcal{K}lV.$$

Les tableaux des articles 63 et 65 nous donnent :

$$E = ve.$$

On a donc, dans le système E. S.

$$e = \frac{1}{v^2}\,\mathcal{K}lV.$$

Remarquons que dans les deux systèmes le produit ei a la
même valeur numérique et les mêmes dimensions. On a en
effet :

$$ei = fV = El.$$

70. INDUCTION ET PERMÉABILITÉ. — Cherchons les dimensions
de l'induction et de la perméabilité dans le système électrostatique. On a comme précédemment [art. 39].

$$\mathfrak{B}' = \frac{\Phi'}{S}$$

$$\mathcal{K}' = \frac{4\pi Ni}{l}$$

$$\mu' = \frac{\mathfrak{B}'}{\mathcal{K}'}$$

$$\Psi' = \mathcal{K}'S.$$

Les dimensions de $\mathcal{K}'$ et de $\mathfrak{I}'$ sont :

$$\mathcal{K}' = F^{\frac{1}{2}}\,\frac{1}{T}$$

$$\mathfrak{I}' = F^{\frac{1}{2}}\,\frac{T}{L^2}$$

d'où :

$$\Psi' = F^{\frac{1}{2}}\,\frac{L^2}{T}$$

$$\mathfrak{I}'S = F^{\frac{1}{2}}\,T$$

mais : Ψ' et $\mathfrak{I}'S$ n'ayant pas ici même dimension, la relation entre les flux ne peut être identique à celle du système électro-magnétique.

Écrivons :

$$\Phi' = \Psi' + \alpha.\,4\pi\mathfrak{J}'S$$
$$\mathfrak{B}' = \mathfrak{H}' + \alpha.\,4\pi\mathfrak{J}'$$
$$\mu' = 1 + \alpha.\,4\pi\varkappa'.$$

le coefficient α a la dimension

$$\alpha = \frac{L^2}{T^2}$$

Les dimensions correspondantes sont les suivantes :

$$\mathfrak{B}' = \mathfrak{H}' = \alpha\mathfrak{J}' = \frac{F^{\frac{1}{2}}}{T}$$

$$\varkappa' = \frac{\mathfrak{J}'}{\mathfrak{H}'} = \frac{1}{\alpha} = \frac{T^2}{L^2}$$

$$\mu' = \frac{\mathfrak{B}'}{\mathfrak{H}'} = \alpha\,\frac{\mathfrak{J}'}{\mathfrak{H}'} = \alpha\varkappa' = 1$$

$$\Phi' = \Psi' = \alpha\mathfrak{J}'S = F^{\frac{1}{2}}\frac{L}{T^2}$$

$$\mathfrak{B}'\mathfrak{H}' = \frac{F}{T^2} = \frac{FL}{L^3}\cdot\frac{L^2}{T^2} = \frac{W}{L^3}\cdot\frac{L^2}{T^2}$$

Comme dans le système E. M. :

$\mathfrak{B}'$ a la même dimension que $\mathfrak{H}'$

Φ' —   —   — Ψ'

et la perméabilité μ' a la dimension *un* mais le produit $\mathfrak{B}\mathfrak{H}$ a la dimension $\dfrac{W}{L^3}\cdot\dfrac{L^2}{T^2}$ au lieu de $\dfrac{W}{L^3}$.

71. MAXWELL a adopté une solution différente, laquelle revient à poser :

$$\Phi' = \frac{\Psi'}{\alpha} + 4\pi\mathfrak{J}'S$$
$$\mathfrak{B}' = \frac{\mathfrak{H}'}{\alpha} + 4\pi\mathfrak{J}'$$
$$\mu' = \frac{1}{\alpha} + 4\pi\varkappa'.$$

Dans ces conditions, on a les dimensions suivantes :

$$\mathfrak{B}' = \frac{\mathfrak{JC}'}{\alpha} = \mathfrak{d}' = F^{\frac{1}{2}}\,\frac{T}{L^3}$$

$$\mu' = \varkappa' = \frac{1}{\alpha} = \frac{T^2}{L^2}$$

$$\Phi' = \mathfrak{d}'S = \frac{\Psi'}{\alpha} = \frac{F^{\frac{1}{2}}}{T}$$

$$\mathfrak{B}'\mathfrak{JC}' = \alpha F\,\frac{T^2}{L^4} = \frac{FL}{L^3} = \frac{W}{L^3}$$

En conséquence, le produit $\mathfrak{B}'\mathfrak{JC}'$ a, cette fois, la dimension $\frac{W}{L^3}$ comme dans le système E. M. *et c'est là le point de départ de Maxwell* mais l'induction $\mathfrak{B}'$ n'a pas la même dimension que $\mathfrak{JC}'$ et le flux dans le fer Φ' n'a pas la même dimension que le flux dans l'air Ψ'. Les coefficients μ' et $\varkappa'$ ont la dimension : $\frac{T^2}{L^2}$.

72. Remarque. — On pourrait évidemment donner encore d'autres formes à la formule qui relie l'induction $\mathfrak{B}'$ à l'intensité magnétique $\mathfrak{JC}'$ et à l'intensité d'aimantation $\mathfrak{d}'$. On pourrait, par exemple, écrire :

$$\mathfrak{B}' = \frac{\mathfrak{JC}'}{\sqrt{\alpha}} + \sqrt{\alpha}\,4\pi\mathfrak{d}'$$

d'où :
$$\mu' = \frac{1}{\sqrt{\alpha}} + \sqrt{\alpha}\,4\pi\varkappa'$$

ce qui donnerait les dimensions :

$$\mathfrak{B}' = \frac{\mathfrak{JC}'}{\sqrt{\alpha}} = \alpha\mathfrak{d}' = \frac{F^{\frac{1}{2}}}{L}$$

$$\mu' = \frac{1}{\sqrt{\alpha}} = \sqrt{\alpha}\,\varkappa' = \frac{T}{L}\cdot$$

Ce qu'il faut retenir c'est que, ainsi que nous le disions plus haut, les dimensions E. S. de certaines grandeurs magnétiques ne sont pas nécessairement déterminées *a priori*. Voir aussi article [76].

73. Feuillet magnétique équivalent a un courant donné. — La condition d'équivalence entre un courant fermé d'intensité I et un feuillet magnétique de même contour et de puissance ψ est, d'après le théorème bien connu d'Ampère,

$$\psi = I$$

ou, en désignant par τ la densité magnétique superficielle d'un élément S de la surface du feuillet, et par ε l'épaisseur correspondante :

$$\psi = \tau\varepsilon = I$$

Désignons par

$$P = \tau S$$

la masse magnétique qui recouvre l'élément S et posons,

$$l = \frac{S}{\varepsilon}$$

nous aurons :

$$P = lI.$$

Cette relation, homogène dans le système E. M., ne l'est pas dans le système E. S. car dans ce dernier système, la dimension de P est $F^{1/2}T$ alors que celle de (lI) est $F^{1/2}\frac{L^2}{T}$, et l'on devra en conséquence mettre la relation considérée, sous la forme

$$P = \alpha lI$$

α étant un coefficient dont la dimension est $\frac{T^2}{L^2}$ et qui a pour valeur numérique $\frac{1}{v^2}$.

Remplaçons, en effet, dans la relation

$$P = lI$$

les mesures (E. M.) P et I par leurs valeurs en fonction des mesures (E. S.) p et i, telles qu'elles résultent du tableau de l'article 65, soit :

$$P = vp$$
$$I = \frac{1}{v} i$$

il vient :

$$p = \frac{1}{v^2} i$$

d'où :

$$\alpha = \frac{1}{v^2}$$

74. Remarque. — L'épaisseur ε du feuillet, on le sait est infiniment petite. Si donc, le courant I est fini, la densité σ est infinie et une masse P finie recouvre une surface S infiniment petite.

Nous pouvons retrouver la même relation $P = ll$ tout en évitant les grandeurs infiniment grandes et infiniment petites de la théorie d'Ampère, en procédant de la façon indiquée ci-après [art. 75].

75. PÔLE MAGNÉTIQUE EXERÇANT SUR UN COURANT INDÉFINI UNE ACTION NUMÉRIQUEMENT ÉGALE A CELLE D'UN COURANT RECTILIGNE DONNÉ. — D'après la loi de Biot et Savart, les actions réciproques d'un courant indéfini I' et d'un pôle P placé à la distance a sont normales au plan qui passe par le courant et par le pôle et leur valeur numérique dans le système E. M. est :

$$f = 2\,\frac{PI'}{a}$$

D'après la loi d'Ampère, les actions réciproques d'un courant indéfini I' et d'un courant parallèle I de longueur l placé à la même distance a sont situées dans le plan des deux courants et leur valeur numérique, dans le système E. M., est :

$$f' = 2l\,\frac{II'}{a} \cdot$$

Pour que les deux actions f et f' (dont les directions sont différentes) soient numériquement égales, il suffit de choisir le pôle de telle façon que :

$$P = Il$$

dans le système E. M. et que

$$p = \frac{1}{v^2}\,Il$$

dans le système E. S.

8° Système électrostatique proposé par Clausius

76. Personne ne s'était encore aperçu de l'indétermination des dimensions des unités des grandeurs magnétiques dans le système électrostatique (indétermination que nous avons signalée [art. 68 et 72]) lorsqu'en 1882 Clausius eut l'idée [1] de substituer à l'équation de définition

$$(1) \qquad f = \frac{PP'}{l^2}$$

adoptée par Maxwell, pour la détermination de l'unité de courant dans le système E. M. et de l'unité de pôle dans le système E. S. la relation

$$(2) \qquad P = Il.$$

que nous avons établie aux articles 73 et 75.

Dans les raisonnements de Clausius, les symboles P et I ont le même sens qu'à l'article 73 mais on peut, aussi bien, leur attribuer la signification plus simple qu'ils ont à l'article 75.

Pour déterminer l'unité E. M. de courant il suffit de faire

$$l = 1 \quad P = 1$$

et inversement pour déterminer l'unité E. S. de pôle on fera :

$$l = 1 \quad I = 1.$$

Dans le système E. M. on obtient ainsi :

$$P = F^{\frac{1}{2}} L$$

d'où :

$$I = \frac{P}{L} = F^{\frac{1}{2}}$$

1. Ueber die verschiedenen Maasssysteme zur Messung electrischer und magnetischer Groessen. Leipzig 1882.

et on retrouve bien pour le courant les mêmes dimensions
qu'en partant de l'équation (1) mais DANS LE SYSTÈME E. S. on a :

$$i = F^{\frac{1}{2}} \frac{L}{T}$$

d'où :   (3) $$p = Li = F^{\frac{1}{2}} \frac{L^2}{T}$$

au lieu de : $$p = F^{\frac{1}{2}} T$$

Clausius, convaincu, comme on l'était alors de l'impossibi-
lité de deux systèmes électrostatiques différents, déclara celui
de Maxwell erroné, proposant de substituer aux unités E. S.
découlant de l'équation (1) de nouvelles unités résultant de
l'équation (2).

HELMHOLTZ reconnut aussitôt [1], l'indétermination du système
E. S. et l'égale plausibilité des systèmes de Maxwell et de
Clausius. Il ne pouvait donc être question, comme le pensait
ce dernier, de substituer un système exact, à un système
erroné, mais simplement de choisir entre deux systèmes, également défendables, dont l'un, celui de Maxwell, était déjà universellement adopté et était en outre, selon Helmholtz, préfé-
rable à l'autre, celui de Clausius.

77. REMARQUE. — Disons, en passant, qu'à la suite des discus-
sions soulevées par la polémique entre Clausius et Helmoltz,
HERTZ a imaginé deux équations de définition correspondant
à des cas pratiquement irréalisables [2], qui au lieu de donner,
pour le pôle magnétique (comme le font les équations (1) et (2)
de l'article précédent), les mêmes dimensions dans le système E. M. et des dimensions différentes dans le système E. S.
donneraient, au contraire pour *l'unité de masse électrique* les
mêmes dimensions dans le système E. S. et des dimensions
différentes dans le système E. M.

De semblables indéterminations du système E. M. ne se ren-
contrent jamais dans la réalité.

1. Ueber absolute Maasssysteme für electrische und magnetische Groessen.
Wiedemann's Annalen, t. XVII, p. 42.

2. Ueber die Dimensionen des magnetischen Poles in verschiedenen Maasssys-
temen. *Wiedemann's Annalen*, t. XXIV, p. 111, 1885, et *Œuvres complètes*,
t. I, p. 315. Leipzig 1895.

9° Systèmes divers

78. Unité électrodynamique. — On a donné le nom d'unité électrodynamique à l'unité de courant adoptée par Ampère, laquelle n'a jamais reçu d'application pratique.

La loi élémentaire d'Ampère relative à l'action réciproque de deux éléments de courant idl, $i'dl'$ situés à la distance a, a pour expression

$$df = \frac{\lambda\, ii'dldl'}{a^3} \left[\cos \varepsilon - \frac{3}{2} \cos \theta \cos \theta' \right]$$

ε désignant l'angle des deux élément;
$\theta\theta'$ les angles qu'ils forment, l'un avec la droite qui les joint, l'autre avec le prolongement de cette droite ;
et λ désignant au coefficient qui dépend du choix des unités.

On en déduit que l'action d'un courant indéfini i sur une longueur l d'un courant égal, situé à la distance a est

$$f = \lambda \frac{li^2}{a}$$

D'autre part d'après la loi de Biot et Savart, l'action d'un courant indéfini i sur un pôle p placé à la distance a est :

$$f = \lambda_1 \frac{pi}{a}$$

λ_1 désignant un coefficient qui dépend également du choix des unités et pour un même système d'unités les deux coefficients λ et λ_1 sont égaux.

Désignons par [J] l'unité électrodynamique de courant et par J la mesure d'un courant en fonction de cette unité.

Dans le système électrodynamique on a, par définition,

$$\lambda = 1 \qquad f = \frac{li^2}{a}$$

mais dans le système électromagnétique on a (d'après la définition de l'unité E. M. de courant, art. 37),

$$\lambda = 2 \qquad f = 2\,\frac{PI}{a} = 2I\,\frac{I^2}{a}$$

d'où pour un même courant, dans les deux systèmes

$$J = I\sqrt{2}$$

et par suite

$$[I] = [J]\sqrt{2}$$

L'unité électromagnétique de courant est donc égale à l'unité
électrodynamique multipliée par $\sqrt{2}$.

FUSION DES SYSTÈMES ÉLECTROMAGNÉTIQUE ET ÉLECTROSTATIQUE

79. Ainsi que nous allons le montrer IL SERAIT THÉORIQUEMENT
POSSIBLE DE FONDRE, EN UN SEUL, LES DEUX SYSTÈMES ÉLECTROMAGNÉ-
TIQUE ET ÉLECTROSTATIQUE.

Selon les idées de Maxwell[1], confirmées expérimentalement par Rowland[2] et par Roentgen[3], tout déplacement d'une
masse électrique quelconque produit, dans des plans normaux
à la trajectoire suivie par la masse en mouvement, des ondes
magnétiques de même nature que celles émises par les courants.

Dans cette hypothèse une bande plane, que nous supposerons indéfinie, portant une charge électrique uniforme et se
déplaçant, longitudinalement, dans son propre plan, doit dévier
une aiguille aimantée comme le ferait un courant dont le sens
serait celui du déplacement de la bande, ou le sens inverse,
suivant que celle-ci est électrisée positivement ou négativement.

Le mouvement d'une semblable bande constitue ce que, pour
simplifier le langage et faute d'un meilleur nom nous appellerons, un COURANT STATIQUE.

1. *Loc. cit.* Art. 769 à 771.

2. *Berliner Monatsberichte*, p. 211, 1876.

3. *Sitzungsberichte der Berliner Akademie der Wissenschaft*, 26 février 1885 et
Lumière électrique, t. XVI, p. 432, 1885.

Soient : λ la largeur de la bande ;

σ la densité superficielle de la charge qu'elle porte, évaluée en unités E. S. ;

V sa vitesse.

La quantité d'électricité, qui pendant le temps t traverse un plan normal à la direction longitudinale de la bande, a pour valeur numérique :

$$(1) \qquad q = \sigma\lambda V t \qquad \text{unités ES}$$

ou

$$(2) \qquad Q = \frac{q}{v} = \sigma\lambda\,\frac{V}{v}\,t \quad - \quad \text{EM.}$$

v désignant, comme toujours, le rapport de l'unité E. M. de quantité, à l'unité E. S.

La longueur l parcourue dans le temps t par une petite tranche perpendiculaire à la direction longitudinale de la bande est :

$$l = V t$$

d'où :

$$(3) \qquad q = \sigma\lambda l.$$

Pour $\quad t = 1 \quad$ on a : $\quad l_1 = V \qquad q_1 = \sigma\lambda V$

la longueur l_1 occupée par la quantité q_1 d'électricité qui traverse le plan normal, pendant l'unité de temps, est numériquement égale à la vitesse V.

Pour $\quad l = 1 \quad$ on a : $\quad t_2 = \dfrac{1}{V} \qquad q_2 = \sigma\lambda = \dfrac{q_1}{V}$

la quantité q_2 d'électricité qui occupe l'unité de longueur est égale à la précédente divisée par la valeur numérique V de la vitesse.

L'intensité d'un courant statique est, par définition,

$$(4) \qquad i = \frac{q}{t} = \sigma\lambda V \qquad \text{unités E. S.}$$

$$(5) \qquad I = \frac{Q}{t} = \sigma\lambda\,\frac{V}{v} \qquad - \quad \text{E. M.}$$

D'après Maxwell, *l'action magnétique d'un courant statique est proportionnelle à son intensité, comme celle d'un courant ordinaire ; et lorsque la vitesse* V *du déplacement est égale au rapport* v, *cette action doit être égale à celle d'un courant ordi-*

naire, qui transporterait dans le même temps, la même quantité d'électricité, évaluée d'après la loi de Faraday, savoir :

(6) $$Q = IT \qquad \text{unités E. M.}$$

ou

(7) $$q = iT = vIT \quad - \quad \text{E. S.}$$

Faisons, dans l'équation (5) ci-dessus :

$$\sigma\lambda = 1$$

et

$$V = v$$

nous aurons :

$$I = 1$$

et le courant sera égal à l'unité E. M. de courant. La quantité d'électricité qui traverse le plan normal pendant l'unité de temps sera donc égale à l'UNITÉ E. M. DE QUANTITÉ, et cette quantité se déplaçant à la vitesse :

$$v = 3 \times 10^{10} \text{ cm./sec.}$$

occupera, d'après ce qui vient d'être dit, une longueur numériquement égale à v c'est-à-dire une LONGUEUR DE 3×10^{10} CENTIMÈTRES. La quantité qui occupe l'unité de longueur, soit, une LONGUEUR ÉGALE A 1 CENTIMÈTRE est v fois moindre, elle est donc égale à l'UNITÉ E. S. DE QUANTITÉ.

En résumé, dans un courant statique produit par le déplacement à la vitesse, $v = 3 \times 10^{10}$ cm./sec., d'une bande électrisée à une densité superficielle telle que l'intensité du courant soit égale à l'unité E. M. d'intensité, la quantité d'électricité, comprise dans une longueur de 1 centimètre est égale à l'unité E. S. la quantité comprise dans une longueur de 3×10^{10} centimètres est égale à l'unité E. M., et l'action magnétique du courant statique envisagé est égale à celle d'un courant ordinaire dont l'intensité serait égale à une unité E. M.

80. REMARQUE 1. — Deux bandes planes électrisées placées en regard l'une de l'autre et se déplaçant toutes deux dans le même sens, exercent l'une sur l'autre une action dynamique dont le sens, il est aisé de le vérifier, est toujours opposé à celui de l'action électrostatique.

Si ces bandes pouvaient se mouvoir avec une vitesse égale au rapport v des unités E. M. et E. S. de quantité, les deux actions s'équilibreraient exactement et l'action réciproque totale des deux bandes serait nulle.

81. REMARQUE 2. — Lorsqu'on assimile les courants à des transports d'électricité, il est nécessaire, pour tenir compte du fait qu'ils n'exercent aucune action électrostatique au dehors, de supposer que des masses électriques égales et de signe contraire se déplacent simultanément en sens inverse; masses dont les actions électrostatiques se neutraliseraient alors que leurs actions magnétiques s'ajouteraient. C'est l'hypothèse de FECHNER [1].

82. REMARQUE 3. — WEBER et KOHLRAUSCH, qui avaient adopté l'hypothèse de Fechner admettaient [2] qu'un courant dont l'intensité est égale à l'unité E. M. contient par unité de longueur à la fois, une unité E. S. d'électricité positive et une unité E. S. d'électricité négative, unités qu'ils appelaient aussi UNITÉS MÉCANIQUES DE QUANTITÉ (parce que l'unité E. S. de quantité est celle qui exerce sur une quantité égale, placée à l'unité de distance, une action égale à l'unité mécanique de force) [3].

---

1. *Annales de Poggendorff*, t. LXIV, p. 337, 1845.

2. *Loc. cit.*, p. 266.

3. Ils appelaient UNITÉ MÉCANIQUE D'INTENSITÉ l'intensité d'un courant constant, dont les sections seraient traversées pendant une seconde à la fois par une unité mécanique (ou E. S.) d'électricité positive et par une unité mécanique (ou E. S.) d'électricité négative circulant en sens inverse de la première; de sorte que leur unité mécanique d'intensité est le double de l'unité E. S. d'intensité proprement dite. Désignons la par [K] nous aurons :

$$[K] = 2[I]$$

Weber et Kohlrausch ont déterminé expérimentalement le rapport :

$$\alpha = \frac{[I]}{[K]} = \frac{1}{2}\,\frac{[I]}{[i]} = \frac{1}{2}\,\frac{[Q]}{[q]} = \frac{(v)}{2}\,.$$

Le nombre qu'ils donnent est :

$$\alpha = 1.5537 \times 10^{10}$$

d'où l'on déduit :

$$v = 3.1074 \times 10^{10}$$

qui est le chiffre indiqué précédemment [art. 41].

Dans la théorie de WEBER les actions dynamiques de masses se déplaçant sur des trajectoires parallèles, sont proportionnelles au carré de la vitesse RELATIVE

83. Des considérations qui précèdent découle une solution immédiate du problème que nous nous sommes posé [art. 79]. En effet ayant déduit de l'unité de pôle, l'unité E. M. de courant, de la façon indiquée à l'article [37], si, au lieu de prendre deux unités de quantité différentes, celle qui occupe l'unité de longueur du courant unité et celle qui en occupe une longueur v, on se contentait de la première qui est l'unité E. S. en renonçant à la seconde qui est l'unité E. M. et si en outre on se contentait, de même, des unités E. S. qui dérivent directement de l'unité de quantité en renonçant également aux unités E. M. correspondantes, on aurait évidemment un système unique, composé d'unités provenant les unes du système E. M., les autres du système E. S. en n'en contenant aucune autre.

Dans ce système, l'unité de quantité pourrait être définie par l'une ou l'autre des relations :

$$f = \frac{q^2}{l^2} \qquad \text{ou} \qquad q = li.$$

la loi de Faraday dont l'expression en unités E. M. est :

$$Q = IT$$

prendrait, en raison de la relation :

$$Q = \frac{q}{v}$$

la forme :

$$q = vIT.$$

et l'expression de cette loi cesserait d'être une équation de définition.

L'unité d'intensité (définie par la loi de Biot et Savart) et l'unité de résistance (définie par la loi de Joule) seraient égales aux unités E. M. de ces grandeurs.

---

des masses qui se déplacent EN SENS INVERSE au lieu d'être proportionnelles, comme dans la théorie de Maxwell, au carré de la vitesse ABSOLUE de masses se déplaçant, avec des vitesses égales, DANS LE MÊME SENS.

D'après Weber la vitesse relative (v) à laquelle, les actions dynamiques sont égales aux actions statiques, serait donnée par la relation :

$$(v) = \frac{4x}{\sqrt{2}}$$

d'où on tire :

$$(v) = (v)\,\sqrt{2} = 3,1074 \times 10^{10}\,\sqrt{2} = 4,3943 \times 10^{10}\,\text{[art. 87]}.$$

L'unité de différence de potentiel définie par la relation

$$eq = W$$

serait égale à l'unité E. S. (valant environ 300 volts)

La loi d'Ohm dont l'expression en unités E. M. est

$$I = \frac{E}{R}$$

prendrait, en vertu de la relation,

$$E = ve$$

la forme :

$$I = v\,\frac{e}{R}\,.$$

et l'expression de la loi d'Ohm comm. relle de la loi de Faraday cesserait d'être une équation de définition.

Les unités de capacité, d'intensité électrostatique et de densité superficielle électrique seraient égales aux unités E. S. correspondantes et les unités des autres grandeurs figurant dans les tableaux donnés plus haut seraient égales aux unités E. M. correspondantes.

84. Si on consentait a modifier l'unité de résistance et l'unité de résistivité dans le système précédent, on pourrait faire disparaître le coefficient v de la loi d'Ohm, en prenant pour équation de définition de l'unité de résistance, la relation

$$I = \frac{e}{R'}$$

dans laquelle

$$R' = \frac{1}{v}\,R \quad \text{et} \quad e = \frac{1}{v}\,E.$$

Dans ce nouveau système l'unité de résistance vaudrait v unités E. M. soit environ 30 ohms et sa dimension serait un.

Le coefficient v supprimé dans l'expression de la loi d'Ohm, reparaîtrait dans la loi de Joule.

$$W = RI^2T = eRI^2T$$

dont l'expression cesserait, à son tour, d'être une équation de définition.

85. Réduction du nombre des unités fondamentales. — En agissant sur les unités fondamentales, on pourrait supprimer le coefficient v dans l'expression des lois d'Ohm et de Joule, sans modifier aucune des unités du système de l'article 83 autres que les unités de résistance et de résistivité.

En effet, pour faire disparaître le coefficient v il suffit évidemment, de prendre pour unité de vitesse, la vitesse (indépendante du choix des unités) qui est déterminée par ce coefficient.

D'autre part, un coup d'œil jeté sur les dimensions, consignées dans le tableau comparatif des unités E. M. et E. S. de l'article 65 montre, qu'à l'exception des unités de résistance et de résistivité, les dimensions de toutes les unités du système envisagé dépendent exclusivement des dimensions de l'unité de force et de l'unité de longueur.

On aura donc une solution du problème envisagé, en prenant des unités de masse et de temps telles que l'unité de vitesse soit égale au v de Maxwell ; sans toucher aux unités de longueur et de force.

En désignant, comme toujours, par $l\,m\,t\,v\,f$ les modules des unités de longueur, de masse, de temps, de vitesse et de force nous avons les trois conditions.

$$l = 1 \qquad v = 3 \times 10^{10} \qquad f = \frac{ml}{t^2} = 1$$

d'où nous tirons :

$$t = \frac{l}{v} = \frac{1}{3 \times 10^{10}} = 3,33 \times 10^{-11}$$

$$m = \frac{t^2}{l^2} = \frac{l}{v^2} = \frac{1}{9 \times 10^{20}} = 1,11 \times 10^{-21}$$

Les valeurs de nouvelles unités de longueur de masse et de temps sont donc :

$$[L] = 1 \qquad\qquad \text{centimètre.}$$
$$[M] = 1,11 \times 10^{-21} \text{ gramme.}$$
$$[T] = 3,33 \times 10^{-11} \text{ seconde.}$$

Remarque. — Dans ce système, les deux conditions

$$\frac{l}{t} = 3 \times 10^{10} \qquad \frac{ml}{t^2} = 1$$

réduisent à *un* le nombre des unités fondamentales. La condition supplémentaire : $l = 1$, fixe la grandeur de toutes les unités.

86. Dans les systèmes que nous venons d'examiner article 79 à 85 les unités de pôle magnétique et de quantité d'électricité sont définies par les relations.

$$f = \frac{PP'}{l^2} \qquad f = \frac{QQ'}{l^2}.$$

Proposons-nous de définir, en outre, l'unité de masse pondérable par la relation.

$$f = \frac{mm'}{l^2}$$

en conservant pour unité de vitesse, la vitesse déterminée par le rapport des unités E. M. et E. S. de quantité.

Nous aurons comme précédemment la condition

$$v = 3 \times 10^{10}$$

et d'après l'article 20, nous aurons en outre la relation.

$$\frac{m}{l} = \frac{v^2}{\lambda_1}.$$

(λ_1 désignant la constante de la gravitation dans le système C. G. S. soit : $\lambda_1 = 6{,}667 \times 10^{-8}$).

Ces deux conditions réduisent encore à *un* le nombre des unités fondamentales.

Suivant qu'on se donnera l m ou t les deux autres unités seront déterminées par les relations suivantes :

Donnée : l.	Donnée : m.	Donnée : t.
$l = \dfrac{1}{v} l'$	$l = \dfrac{\lambda_1}{v^2} m$	$l = vt$
$m = \dfrac{v^2}{\lambda_1} l$	$l = \dfrac{\lambda_1}{v^3} m$	$m = \dfrac{v^3}{\lambda_1} t$

Si par exemple, nous prenons, comme dans le système précédent : $l = 1$ nous aurons :

$$l = \frac{1}{v} = \frac{1}{3{,}10^{10}} = 3{,}33 \times 10^{-11}$$

$$m = \frac{v^2}{\lambda_1} l = \frac{9 \times 10^{20}}{6{,}667 \times 10^{-8}} = 1{,}35 \times 10^{28}$$

et les unités de longueur, de masse et de temps seront :

$$[L] = 1 \text{ centimètre.}$$
$$[M] = 1{,}35 \times 10^{13} \text{ grammes.}$$
$$[T] = 3{,}33 \times 10^{-11} \text{ seconde.}$$

L'unité de masse serait ici égal à 2,25 fois la masse de la terre.

Si nous prenions, pour unité de longueur la longueur, d'onde de la radiation rouge du Cadmium, nous retomberions sur l'exemple traité à l'article 21 qui nous a donné :

$$[L] = 6{,}44 \times 10^{-5} \text{ centimètres.}$$
$$[M] = 8{,}69 \times 10^{23} \text{ grammes.}$$
$$[T] = 2{,}14 \times 10^{-15} \text{ seconde.}$$

87. Il est intéressant de noter, que WEBER et KOHLRAUSCH avaient signalé en 1856 [1] la possibilité de réduire les unités fondamentales à une seule, en mettant la loi de la gravitation sous la forme :

$$f = \frac{mm'}{l^2}$$

et en prenant pour unité de vitesse, la vitesse à laquelle doivent se mouvoir des masses électriques, dans des trajectoires parallèles, pour que leur action dynamique soit égale à leur action statique.

La vitesse envisagée est la vitesse relative-(art. 82, note)

$$(w) = (v)\sqrt{2} = 4{,}3943 \times 10^{10}.$$

Déterminons la valeur des unités fondamentales de ce système, en fonction des unités C. G. S.

L'unité de longueur de Weber étant le milligramme [art. 95], nous aurons :

$$l = 0{,}1.$$

D'après ce qui précède, le module de l'unité de vitesse est :

$$v = 4{,}3943 \times 10^{10}$$

d'où :

$$l = \frac{l}{v} = 2{,}275 \times 10^{-11}$$

$$m = \frac{v^2}{l} = 2{,}807 \times 10^{27}.$$

1. Loc. cit.

Les unités de longueur de masse et de temps du système seraient donc :

$$[L] = 0,1 \text{ centimètre.}$$
$$[M] = 2,297 \times 10^{27} \text{ grammes.}$$
$$[T] = 2,275 \times 10^{-11} \text{ seconde.}$$

Ainsi que Weber et Kohlrauch le font observer l'unité de masse de leurs système diffère très peu de la moitié de la masse de la terre. Le rapport :

$$\frac{2.897 \times 10^{27}}{5,977 \times 10^{27}} \text{ est en effet égal à : } 0,485.$$

88. Remarque. — Les différents systèmes que nous venons d'examiner (on pourrait en imaginer beaucoup d'autres) ne présentent qu'un intérêt spéculatif mais à un point de vue purement théorique, les systèmes, tels que ceux de l'article 86, qui sont basés sur une unité fondamentale unique, ne sont certes pas inférieurs à ceux qui, comme le système C. G. S. sont basés sur trois unités fondamentales.

Il est permis d'en conclure que les raisons métaphysiques, souvent invoquées, suivant lesquelles les unités fondamentales seraient nécessairement les unités de longueur, de masse et de temps, ne sont nullement justifiées.

TROISIÈME PARTIE
NOTICE HISTORIQUE

1° Système métrique.

89. Le premier système rationnel d'unités, légalement introduit, dans la pratique, est le SYSTÈME MÉTRIQUE institué en France par la loi du 18 germinal an III (7 avril 1795) laquelle définissait :

> une unité de longueur le MÈTRE égale à la dix-millionième partie du quart du méridien terrestre et
>
> une unité de poids le KILOGRAMME, poids d'un décimètre cube d'eau distillée prise à son maximum de densité, c'est-à-dire à 4 degrés centigrades au-dessus de zéro.

Des ÉTALONS EN PLATINE du mètre et du kilogramme, déposés aux Archives à Paris le 4 messidor an VII, (22 juin 1799) par une Commission générale des Poids et Mesures, chargée de leur confection, furent déclarés les *étalons définitifs des mesures de longueur et de poids pour toute la France* [loi du 19 frimaire an VIII (11 décembre 1799)][1].

---

1. L'Assemblée nationale avait décrété à l'origine (8 mai 1790) que l'unité de longueur serait la longueur du pendule battant la seconde, en un lieu de latitude donnée. Sur l'avis de l'Académie des Sciences elle décida (26 mars 1791) que l'unité de longueur serait basée sur la longueur du méridien terrestre, dont elle ordonna une nouvelle mesure. Avant l'achèvement de cette mesure (effectuée par Delambre et Méchain) la Convention arrêta (1er août 1793) que l'unité de longueur serait dorénavant le *mètre* (dix-millionième partie du quart du méridien terrestre) ; dont la valeur, en fonction des unités légales existantes, était *provisoirement* fixée (d'après les travaux de Lacaille en 1758) à :

3 pieds 0 pouces 11,44 lignes.

La longueur de l'étalon, postérieurement adopté à titre définitif (1799) fut de :

3 pieds 0 pouces 11,296 lignes.

90. Envisagée, à un point de vue moderne, la loi du 7 avril 1795 définissait, DEUX UNITÉS FONDAMENTALES,

l'UNITÉ DE LONGUEUR, le mètre

et l'UNITÉ DE MASSE, le kilogramme (masse d'un décimètre cube d'eau à son maximum de densité).

D'après la définition de l'unité de masse, l'eau, à son maximum de densité, devrait avoir pour densité *un*. Or, d'après les mesures les plus récentes, la température à laquelle la densité de l'eau passe par son maximum, est 3°98 et le poids de l'eau qui, à cette température occupe un décimètre cube est, 0,999973 kg. La densité maximum de l'eau est donc

$$0,999973$$

et le volume occupé par 1 kilogramme d'eau à son maximum de densité est :

$$\frac{1}{0,999973} = 1,000027 \text{ dm}^3.$$

C'est à ce volume qu'on réserve aujourd'hui le nom de *litre* on a donc :

$$1 \text{ LITRE} = 1,000027 \text{ DM}^3.$$

Il résulte de ce qui précède que le kilogramme étalon déposé aux Archives était trop fort d'une quantité un peu inférieure à 3 centigrammes.

D'autre part, la longueur la plus probable du méridien terrestre Q est actuellement :

$$Q = 10\,001\,868 \text{ mètres}$$

d'où pour la dix-millionième partie :

$$\frac{Q}{10^7} = \left(1 + \frac{1,868}{10\,000}\right) \text{ mètre.}$$

Le mètre déposé aux Archives serait donc trop court d'une quantité inférieure à 0,2 millimètres.

91. La loi de 1795 ne définit ni l'*unité de temps*, ni l'*unité d'accélération* (dérivée des unités de longueur et de temps), ni l'*unité de force* (dérivée des unités de masse et d'accélération).

On a dit, cependant, que le kilogramme, défini comme étant le poids d'un décimètre cube d'eau, constituait une unité de force. Examinons les choses de plus près.

Supposons que nous prenions une série de poids marqués :

1 kg.   500 g.   200 g.   200 g.   100 g.

équilibrant, respectivement sur une balance :

1 dm³   500 cm³   200 cm³   200 cm³   100 cm³

d'eau distillée à 4°.

Quel que soit le point du globe où nous effectuerons des pesées avec notre balance, les mêmes poids marqués équilibreront, dans les mêmes conditions de température et de pression, les mêmes volumes d'eau distillée.

Au moyen de ces poids, graduons en kilogrammes, à Paris, un peson à ressort que nous supposerons très sensible.

Si nous suspendons à ce peson un corps quelconque, à Paris, le nombre de kilogrammes indiqué par le peson, sera égal au poids du corps, tel qu'il résulterait d'une pesée au moyen de la balance.

Si nous suspendons ce même corps au peson, en un point quelconque du globe, l'indication du peson sera supérieure ou inférieure à celle de la balance, suivant que l'intensité de la pesanteur en ce point sera supérieure ou inférieure à l'intensité de la pesanteur à Paris.

Il en résulte que la balance et le peson mesurent des grandeurs physiques différentes et que les kilogrammes de la balance et ceux du peson sont des unités de nature différente.

Les kilogrammes de la balance sont proportionnels à la MASSE du corps pesé et indiquent le *poids* du corps, *tel que l'entendait la loi*, lequel devait nécessairement être indépendant du lieu de la pesée.

Les kilogrammes du peson sont proportionnels à la FORCE exercée par l'attraction terrestre sur le corps suspendu et mesurent cette force en fonction d'une unité non prévue par la loi, qui s'est introduite d'elle-même dans les travaux des techniciens et porte le nom de KILOGRAMME-FORCE.

L'unité de force envisagée dépend évidemment du lieu où s'effectue la graduation des pesons.

Pour éviter toute indétermination, on prend pour INTENSITÉ NORMALE DE LA PESANTEUR la valeur théorique de l'intensité à la latitude de 45° et au niveau de la mer soit :

$$980,616 \text{ cm.-sec.-sec.}^{[1]}$$

et on définit le KILOGRAMME-FORCE comme étant la force exercée sur un KILOGRAMME-MASSE, en un point du globe où l'intensité de l'attraction terrestre est l'intensité normale.

92. De nombreux pays étrangers ont adopté le système métrique et en ont, à l'exemple de la France, rendu l'emploi obligatoire[2].

Aux termes d'une convention internationale (dite Convention du mètre) intervenue, à Paris, le 15 mai 1875, il a été créé un « Bureau International des Poids et Mesures » installé au Pavillon de Breteuil à Sèvres, avec mission de :

1° Construire et conserver des ÉTALONS PROTOTYPES INTERNATIONAUX du mètre et du kilogramme, qui seraient la propriété commune des États adhérents.

2° Construire pour chacun des États adhérents, y compris la France des COPIES de ces prototypes destinées à servir d'étalons légaux dans les différents pays.

Les prototypes internationaux devaient reproduire aussi fidèlement que possible, à certains détails de construction près, les deux étalons de 1799. Exécutés en platine iridié à 10 p. 100, ils furent achevés en 1889 et sanctionnés par une Conférence internationale le 26 septembre 1889.

Les copies remises, par le Bureau International, à la France ont été déposées aux Archives à côté des étalons de 1799, aux-

<hr>

1. Quatrième Conférence générale des Poids et Mesures, octobre 1907.

2. Il n'est encore que facultatif en Angleterre, aux États-Unis d'Amérique, en Grèce, au Japon, en Russie et en Turquie.

quels ces copies ont été substituées comme étalons légaux, par une loi du 11 juillet 1903, dans les termes suivants.

« Les étalons prototypes du système métrique sont le mètre « international et le kilogramme international qui ont été « sanctionnés par la Conférence générale des Poids et Mesures, « tenue à Paris en 1889, et qui sont déposés au Pavillon de « Breteuil à Sèvres.

« Les copies de ces prototypes internationaux, déposées aux « Archives nationales (mètre n° 8 et kilogramme n° 35) sont les « étalons légaux pour la France ».

2° Système C. G. S. — Unités Électriques et magnétiques.

93. Le créateur des unités absolues électriques et magnétiques est GAUSS qui, à l'occasion de ses recherches sur le
magnétisme terrestre, se proposa en 1832[1] de rendre comparables, entre elles, les observations magnétiques faites :

soit avec des appareils différents, en des lieux différents,

soit avec le même appareil dans le même lieu, mais à des
époques différentes, dans l'intervalle desquelles l'état magnétique des aiguilles aimantées, qui servent aux expériences, peut
subir des modifications, à l'insu de l'observateur.

Pour obtenir, au moyen de ses appareils de mesure, des indi-
cations absolues indépendantes de l'état magnétique des aiguilles
employées, Gauss imagina la méthode bien connue, si ingé-
nieuse, qui permet, en faisant osciller un barreau dans le champ
magnétique terrestre, de déterminer simultanément deux
nombres, proportionnels au rapport $\frac{M}{H}$ et au produit MH du
moment magnétique (inconnu) M du barreau et de la composante horizontale (inconnue) H de l'intensité du champ terrestre. De ces deux nombres, on en déduit deux autres respectivement proportionnels à M et à H. Celui de ces deux nombres
qui est proportionnel à la composante horizontale H du champ
terrestre, est bien indépendant des propriétés magnétiques du
barreau servant aux observations.

Comparant, ensuite, la force magnétique qui fait osciller un
barreau aimanté, à la force gravifique qui fait osciller un pendule, Gauss adopta pour ces deux forces la même unité, dont
il déduisit : l'unité absolue de pôle magnétique, l'unité absolue de
moment magnétique et l'unité absolue de champ magnétique.

1. *Intensitas vis magneticae terrestris, ad mensuram absolutam revocata.* Goet-
tingue, 15 décembre 1832.

Il prend pour UNITÉ DE FORCE, la force qui imprime l'unité d'accélération, à l'unité de masse pondérable d'où l'équation de définition :

$$f = ma$$

qui pour $m = 1$ $a = 1$ donne $f = 1$.

Il prend pour UNITÉ DE POLE ou de masse magnétique, la masse dont l'action sur une masse égale placée à l'unité de distance est égale à l'unité de force ; d'où l'équation de définition :

$$f = \frac{PP'}{l^2}$$

qui pour $P = P' = 1$ $l = 1$ donne $f = 1$.

L'UNITÉ DE MOMENT MAGNÉTIQUE est définie par la relation.

$$M = Pl$$

et l'UNITÉ D'INTENSITÉ MAGNÉTIQUE par la relation

$$f = PH.$$

Dans ces conditions, les nombres précédemment trouvés pour M et pour H sont les mesures de ces deux grandeurs, en unités absolues.

Au moyen d'appareils extrêmement sensibles, conçus par lui-même, Gauss effectua des mesures magnétiques, qui sont les premières mesures qui aient jamais été réalisées en unités absolues.

94. Gauss ayant adopté pour unité de longueur le MILLIMÈTRE, pour unité de masse le MILLIGRAMME et pour unité de temps la SECONDE, la valeur en unités, C. G. S. de l'UNITÉ DE FORCE de son système est :

$$F = \frac{ML}{T^2} = \frac{0.1 \times 0.1}{1} = 0,01 \text{ dyne.}$$

Celle de l'UNITÉ DE POLE est

$$P = F^{\frac{1}{2}} L = 0,1 \times 0,1 = 0,1 \text{ unités E. M.}$$

celle de l'UNITÉ DE MOMENT

$$M = PL = 0,01 \times 0,1 = 0,001 \text{ unités E. M.}$$

et celle de l'UNITÉ D'INTENSITÉ

$$\text{II} = \frac{F}{P} = \frac{0,01}{0,01} = 1 \text{ unité E. M.}$$

95. Après avoir participé aux mesures magnétiques de Gauss, WEBER étendit considérablement l'œuvre de ce dernier, en appliquant à la mesure en unités absolues, des courants, des forces électro motrices et des résistances, les principes posés par Gauss pour la mesure en unités absolues des grandeurs magnétiques.

Weber avait imaginé une formule qui, devait englober à la fois la loi (E. S.) de Coulomb, la loi élémentaire d'Ampère et les lois de l'induction découvertes par Faraday. Il voulut vérifier expérimentalement, la loi d'Ampère, par des procédés plus précis que ceux d'Ampère, et il combina, à cet effet, l'ÉLECTRODYNAMOMÈTRE qui lui permit d'exprimer en unités absolues tous les courants qu'il mesurait[1].

96. A la même époque, le physicien russe JACOBI, désireux de rendre comparables les mesures de résistance, effectuées dans des laboratoires différents, avait eu l'idée de construire et de faire circuler parmi les savants un ÉTALON DE RÉSISTANCE constitué par un fil de cuivre, mastiqué dans une boîte en bois, étalon destiné à servir de mesure aux travaux à venir.

Jacobi proposait, cette unité empirique, parce que disait-il, les courants peuvent bien être mesurés en unités absolues, mais les résistances ne le peuvent pas.

Weber entreprit aussitôt de résoudre le problème dont Jacobi jugeait la solution impossible.

Il imagina une méthode permettant d'évaluer une FORCE ÉLEC-TROMOTRICE en UNITÉS ABSOLUES. Il suffisait pour cela d'après la loi de l'induction de Faraday, de déplacer avec une vitesse connue, un conducteur de longueur donnée dans le champ terrestre dont, grâce à Gauss, Weber savait déterminer l'intensité en unités absolues. Au moyen de son propre électrodyna-

---

1. Elektrodynamische Maasssbestimmungen. Erste Abh. Leipzig 1846.

momètre il pouvait mesurer EN UNITÉS ABSOLUES LE COURANT J créé dans un circuit de résistance inconnue R par une f. é. m. E. évaluée en unités absolues, comme il vient d'être dit, et la loi d'Ohm lui donnait alors EN UNITÉS ABSOLUES la valeur de la RÉSISTANCE.

$$R = \frac{E}{J}.$$

Weber fait observer que la SEULE UNITÉ DONT DÉPEND L'UNITÉ ABSOLUE DE RÉSISTANCE, EST L'UNITÉ DE VITESSE.

La valeur trouvée par lui au moyen de la méthode ci-dessus, pour la résistance de *l'étalon Jacobi*, fut :

$$R_J = 598 \times 10^7 \; \frac{\text{millimètres}}{\text{seconde}}$$

soit, en unités modernes :

$$R_J = 0{,}598 \text{ ohms.}$$

Les dimensions du fil étalon étaient, d'après Jacobi :

longueur $l = 7{,}6195$ mètres ;
diamètre $d = 0{,}667$ millimètres ;
d'où   la section $s = 0{,}349415$ mm^2

la *résistivité* du métal était donc :

$$\rho_J = 100 \, R_J \, \frac{s}{l} = 59{,}8 \, \frac{0{,}349415}{7{,}61975} = 2{,}74 \text{ microhm-centimètres}$$

résistivité qui indique que le cuivre employé à la fabrication du fil était bien loin d'être pur [1].

97. Weber distinguait trois sortes de mesures et d'unités, les mesures (et unités) MAGNÉTIQUES OU ÉLECTROMAGNÉTIQUES, les mesures ÉLECTRODYNAMIQUES et les mesures ÉLECTROSTATIQUES OU MÉCANIQUES [art. 82].

Dans son mémoire de 1846 il indique le rapport de l'unité électromagnétique à l'unité électrodynamique de courant lequel est égal à $\sqrt{2}$ et dans son mémoire de 1851 il signale le grand

---

1. *Annales de Poggendorff*, mars 1851 et Elektrodynamische Abhandlungen (Zweite Abh). Leipzig 1852

intérêt que présenterait la connaissance du rapport de l'unité électromagnétique à l'unité électrostatique de courant.

Ce n'est qu'en 1856 qu'il parvint, avec le concours de Kohlrausch (art. 41), à déterminer ce dernier rapport pour lequel il trouva la valeur :

$$3,1077 \times 10^{10}$$

(le nombre généralement adopté aujourd'hui, est, nous le rappelons : $3,10^{10}$).

98. Ainsi Weber, en suivant la voie tracée par Gauss réussit à poser les bases d'un système complet d'unités absolues et à créer les méthodes expérimentales propres à faire passer ces unités du domaine de l'abstraction dans celui de la pratique.

L'immense portée de son œuvre, au point de vue pratique, semble avoir échappé à la majorité de ses contemporains. Seul peut-être l'illustre William Thomson (lord Kelvin) aperçut immédiatement les services incomparables qu'était appelé à rendre le système des unités absolues et c'est principalement à sa très grande autorité, jointe à une remarquable ténacité, que le système C. G. S., universellement adopté de nos jours, doit son existence.

99. En 1857, la pose du premier câble transatlantique (entre l'Angleterre et Terre-Neuve) donna lieu à des déboires imprévus. Les signaux produits à l'une des extrémités du câble par les appareils télégraphiques transmetteurs habituels, n'étaient pas reproduits à l'autre extrémité par les appareils récepteurs et l'entreprise semblait vouée à un insuccès complet, lorsqu'on fit appel à W. Thomson. Celui-ci reconnut que des phénomènes perturbateurs dûs à la capacité électrostatique des câbles rendaient insuffisante la sensibilité des appareils récepteurs ordinaires et il imagina son célèbre « siphon recorder », encore en usage de nos jours, au moyen duquel il surmonta toutes les difficultés.

Thomson à qui l'on doit la théorie, aujourd'hui classique, de la charge et de la décharge des condensateurs, apprit aux ingénieurs des compagnies de télégraphie sous-marine à mesurer

des capacités et à exprimer toutes leurs mesures en unités absolues, comme il le faisait lui-même, depuis 1851, à la suite des
travaux de Gauss et de Weber[1].

« Dès 1858 disait-il plus tard[2] on appliquait des unités bien
« définies à la mesure de la résistance des conducteurs en
« cuivre et des isolants des câbles sous-marin ainsi qu'à la
« mesure de leur capacité électrostatique, mais quinze années
« devaient encore s'écouler, après ce début (et, dans l'inter-
« valle, les bobines de résistance et l'ohm ainsi que les con-
« densateurs et le microfarad étaient devenus choses familières
« aux électriciens des fabriques de câbles et des laboratoires
« d'essai) avant que quoi que ce soit qui pût être appelé une
« mesure électrique fût devenu d'un usage courant dans, pour
« ainsi dire, aucun des laboratoires scientifiques du monde
« entier. »

Les besoins des laboratoires des physiciens, et ceux de la
télégraphie terrestre, avaient fait éclore de tous côtés, des unités
empiriques, hétéroclites, difficilement comparables entre elles ;
le même nom était donné à des unités entièrement différentes,
et le chaos le plus inextricable régnait dans le domaine des
mesures électriques.

100. Citons, à titre de curiosité, les principales unités de
résistance qui avaient cours.

UNITÉS DE LABORATOIRE

Unité Wheatstone (1843). — Résistance d'un fil de cuivre, dont
la longueur est de 1 pied (0,3048 mètres) et le poids de 100 grains
(6,42 grammes). Résistivité non spécifiée.

En admettant 8,9 pour la densité du cuivre et en supposant
une résistivité de 1,75 microhm-centimètre, on trouve pour la
valeur de cette unité :

$$0,00223 \text{ ohms.}$$

1. *Popular lectures and adresses « Electrical Units of measurements ».* Conférence du 3 mai 1883. Traduction française avec notes de M. Brillouin, sous le
titre : Conférences scientifiques et allocutions. Paris, 1893.

2. *Loc. cit.*

SZIVADY. — Unités électriques.   6

Unité Matthiessen. Résistance d'un fil de cuivre dont la longueur est de 1 mètre et le poids de 1 gramme.

En admettant comme précédemment une densité de 8.9 et une résistivité de 1.75 microhm-centimètre on trouve pour cette unité :

$$0,15575 \text{ ohms.}$$

Unité Jacobi (1846). — Résistance d'un fil de cuivre particulier [art. 96] dont la longueur est de 25 pieds (7,6195 mètres) et le diamètre de 0,02625 pouces (0,667^{mm2}).

La résistance de ce fil était :

d'après les mesures de Weber :

$$0,598 \text{ ohm.}$$

d'après les mesures de Bosscha :

$$0,670 \text{ ohm.}$$

UNITÉS DES TÉLÉGRAPHISTES

Unité Breguet (1845). — Résistance d'un kilomètre de fil de fer de 4 millimètres de diamètre. Résistivité non spécifiée.

La résistance de cette unité (créée à l'occasion de la pose de la première ligne télégraphique française : Paris-Rouen) pouvait varier, suivant la résistivité de :

$$10,5 \text{ à } 12 \text{ ohms.}$$

Unité Matthiessen. — Résistance à 15°5 de 1 „mile" (1,60934 kilomètre) de fil de cuivre de $\frac{1}{16}$ pouce (1,5875^{mm}) de diamètre. Résistivité non spécifiée.

En supposant une résistivité de 1,75 microhm-centimètre cette unité valait :

$$14,2 \text{ ohms.}$$

UNITÉ MERCURIELLE

En outre des unités précédentes basées sur la résistance de fils métalliques, il existait une unité mieux définie, basée sur la résistance d'une colonne de mercure.

Unité Siemens (1858). — Résistance à 0° contigrade d'une colonne de mercure de 1 millimètre carré de section et de 1 mètre de longueur. D'après les évaluations les plus récentes cette unité vaut :

$$0.94073 \text{ ohms.}$$

Les unités qui s'étaient ainsi implantées dans la pratique étaient difficiles à déraciner parce que l'unité absolue de Weber apparaissait à beaucoup d'esprits comme une entité nébuleuse difficile à concevoir.

On comprenait une résistance proportionnelle à la longueur d'un conducteur, inversement proportionnelle à sa section et proportionnelle à la *résistivité relative* du métal par rapport à la résistivité du cuivre prise pour unité (comme la densité de l'eau est prise pour unité de densité de tous les corps) ; on ne comprenait pas une *résistance* absolue exprimée comme une *vitesse* (en $\frac{mm.}{sec.}$ dans le système de Weber) ni une *résistivité absolue* déduite de la résistance absolue, indépendamment de la considération de toute substance particulière.

Il y a lieu d'ajouter que les résistances des bobines que l'on rencontrait étalonnées, (au dire des constructeurs), en unités absolues), différaient entre elles de 7 à 8 et même 12 p. 100[1].

101. En 1861 W. Thomson obtint de l'ASSOCIATION BRITANNIQUE POUR L'AVANCEMENT DE LA SCIENCE [British Association for the advancement of science généralement désignée par les initiales B. A.] la nomination d'une commission spéciale, chargée de choisir l'UNITÉ DE RÉSISTANCE qui lui paraîtrait répondre le mieux aux besoins de la pratique et d'établir un ÉTALON de cette unité, avec la plus grande précision réalisable ; étalon dont des copies authentiques devaient être mises à la disposition du public intéressé.

Les travaux de la Commission durèrent huit ans. La lecture de ses rapports annuels est des plus intéressantes.

102. La Commission jugea que l'unité de résistance devait

1. *Reports of the Committee on electrical standards*, p. 46.

faire partie d'un système rationnel d'unités et ne pouvait être choisie d'une façon indépendante.

Elle pensa ne pouvoir mieux faire que d'adopter purement et simplement le système d'unités absolues de Weber, sans toutefois prendre, comme lui, les unités fondamentales de Gauss : le millimètre, le milligramme et la seconde, et elle prit pour unités fondamentales : le mètre, le gramme et la seconde, système dans lequel la densité absolue de l'eau a pour valeur $\frac{1}{1.000.000}$.

Plus tard, sur les instances de W. Thomson, l'Association britannique, adopta définitivement : le centimètre, le gramme et la seconde, système dans lequel la densité absolue de l'eau est *un*, et qui est désigné par les initiales : C. G. S.

103. L'unité absolue de résistance, aussi bien dans le système de Weber que dans les systèmes B. A. ou C. G. S. serait beaucoup trop faible pour les besoins de la pratique, aussi la Commission décida-t-elle de prendre pour unité pratique, devant être représentée par un étalon ; la résistance dont l'expression est :

$$10^{10}\ \frac{mm.}{sec} \quad \text{dans le système de Weber.}$$

$$10^{7}\ \frac{mètres}{sec.}\ — \quad — \quad \text{primitif B. A.}$$

$$10^{9}\ \frac{cm.}{sec.}\ — \quad — \quad \text{C. G. S.}$$

Elle décida également de donner à cette unité (conformément à une proposition faite en 1861 par sir Charles Bright et Latimer Clark) le nom d'*Ohmad* lequel fut ensuite remplacé par celui d'Oнм.

104. — La Commission fixa, concurremment, une unité pratique de force électromotrice valant 10^{8} unités C. G. S. laquelle a reçu le nom de Volt.

De ces deux unités découle une unité pratique de courant qui vaut 10^{-1} unités C. G. S. [art. 45].

Ainsi qu'il a été dit plus haut [art. 48] la Commission repoussa

la proposition du Dr Esselbach, d'adopter pour unité pratique
de force électromotrice, l'unité E. M. de force électromotrice
multipliée par la même puissance de 10 que l'unité E. M. de
résistance, ce qui eût entraîné des simplifications appréciables.
La Commission a voulu que son unité pratique différât peu
de la force électromotrice d'un élément Daniell, unité empy-
rique et peu précise, souvent employée alors. Aujourd'hui où
des tensions de 50 000 volts, et plus, sont devenues courantes,
cette préoccupation paraît singulière.

105. En 1865 la Commission avait achevé la construction de
dix étalons représentant l'Ohm avec toute l'exactitude possible
ainsi que celle d'un certain nombre de copies de ces étalons.
   Les dix étalons étaient constitués de la façon suivante :
   Deux bobines d'un fil de platine ;
   Deux   —   d'un alliage de platine et d'argent ;
   Deux   —   —   d'or et d'argent ;
   Deux   —   —   de platine et d'iridium ;
   Deux tubes contenant une colonne de mercure.
Ces dix étalons ne présentaient, entre eux, aucune différence
appréciable. Une des deux bobines platine-argent est devenue
l'étalon légal de l'Angleterre.

La Commission estimait que la résistance de ses étalons
devait différer de la résistance théorique de moins de 0,08 p. 100.
   Diverses comparaisons effectuées entre l'unité B. A. et l'unité
mercurielle de Siemens (U. S.) ont montré que la longueur de
la colonne de mercure, de 1 millimètre carré de section, dont
la résistance à 0 degré centigrade est égale à l'unité B. A. est
de 104,86 cm.[1]
   D'après les mesures les plus récentes, la longueur de la
colonne de mercure de 1 millimètre carré de section, dont la
résistance à 0 degré centigrade est égale à 1 ohm a pour valeur :
106,3 cm. [art. 110].

---

1. *Reports of the Committee on Electrical Standards*, p. 197. Ce nombre a été
confirmé en 1882 par lord Rayleigh et Mme Sidgwick, et postérieurement encore
par d'autres expérimentateurs.

L'unité de l'Association britannique vaut donc :

$$\frac{104,86}{106,30} = 0,98645 \text{ ohms.}$$

Elle est trop faible de 0,01355 ohms et l'erreur commise, soit $\frac{135,5}{10\,000}$ est, en conséquence, dix-sept fois plus forte que ne le pensait la Commission.

Etant donnée l'exceptionnelle valeur des membres de cette Commission, ce fait est la meilleure preuve de l'extrême difficulté que présente une détermination rigoureuse de l'ohm.

106. Les unités absolues étaient lettre morte pour la plupart de ceux qui étaient appelés à s'en servir.

Tout ce qui concernait ces unités était épars dans des mémoires détachés de Weber, de Thomson et de Helmholtz, mémoires qu'il était peu aisé de se procurer et dont la lecture était, en outre, des plus ardues.

Afin de porter remède à cet état de choses, la Commission pria Maxwell en 1863 de faire, avec la collaboration de Fleeming Jenkin, un exposé didactyque complet de la théorie des unités absolues.

Dans cet exposé[1] Maxwell indique pour la première fois la théorie des dimensions qu'il devait développer davantage, dix ans plus tard, dans son célèbre Traité d'électricité.

Les comptes rendus des réunions annuelles de l'Association britannique, dans lesquels se trouvaient englobés les rapports de la Commission spéciale étaient relativement peu répandus. L'Association fit imprimer à part les rapports de la Commission (1871 et 1873) les rendant ainsi accessibles à un plus grand nombre de lecteurs, mais l'ouvrage qui a peut-être le plus contribué à la vulgarisation des unités absolues est un petit livre très bien fait, publié en 1875 par *Everett* sous les auspices de la *Société de Physique* de Londres[2].

---

1. *Reports of the Committee on Electrical Standards.* 2ᵉ Report, Appendix C, 28 août 1863.

2. *Illustrations of the C. G. S. system of units.* Londres 1875. Traduction française : *Unités et Constantes physiques*, Paris 1883.

107. Congrès international de 1881. — L'apparition des premières lampes à incandescence pratiques fut la cause déterminante de la première exposition internationale d'électricité, laquelle eut lieu à Paris en 1881. Le premier Congrès international d'électricité fut réuni à Paris, à cette occasion, du 15 septembre au 5 octobre 1881.

Le Congrès de 1881 a adopté le système d'unités absolues de l'Association britannique, ou système C. G. S., ainsi que les unités pratiques de cette association, avec les noms d'Ohm et de Volt qui avaient été donnés aux unités pratiques de résistance et de force électromotrice.

A ces noms le Congrès ajouta ceux d'Ampère, de Coulomb et de Farad pour les unités pratiques de courant de quantité et de capacité [V. l'Appendice p. 91].

Enfin la résistance des étalons de l'Association Britannique, différant de la valeur théorique de l'Ohm, d'une quantité qu'on savait être importante sans en connaître exactement la grandeur, le Congrès décida de confier à une Commission internationale le soin de « déterminer par de nouvelles expériences, « la longueur de la colonne de mercure d'un millimètre carré « de section qui, à la température de 0 degré centigrade, représente la valeur de l'ohm ».

108. Commission internationale de 1884. Ohm légal. — Après avoir achevé ses travaux la Commission internationale, constituée à la demande du Congrès de 1881, a voté en mai 1884 la résolution suivante :

« L'ohm légal est la résistance que présente une colonne de « mercure de 1 millimètre carré de section et de 106 centimètres de longueur à la température de la glace fondante. »

L'ohm dit légal, qu'on savait être trop faible, n'a jamais été sanctionné par aucune mesure législative.

109. Deuxième Congrès international, *Paris* **1889.** — Le deuxième Congrès international des électriciens, réuni à Paris en 1889, a créé trois nouvelles unités pratiques :

L'unité pratique de travail qui a reçu le nom de JOULE [art. 45];
—   —   puissance   —   WATT;
—   —   coefficient d'induction qui a reçu le nom
de QUADRANT.

La raison d'être de ce dernier nom est que l'unité pratique de self-induction a pour expression, en unités absolues, 10^9 centimètres et que la longueur du quadrant terrestre est précisément de 10^9 centimètres.

110. TROISIÈME CONGRÈS INTERNATIONAL, *Chicago* 1893. — Le troisième Congrès d'électricité, tenu à Chicago en 1893 a substitué le nom d'HENRY à celui de Quadrant pour l'unité pratique d'induction.

Ce Congrès a créé des UNITÉS INTERNATIONALES se composant d'unités pratiques déterminées par des étalons ou des phénomènes mesurables et d'unités pratiques dérivant directement des précédentes, et il a émis le vœu que ces unités soient sanctionnées légalement par les Gouvernements qui s'étaient fait représenter au Congrès par des délégués.

Les unités internationales ont été définies par le Congrès de la façon suivante :

Unité de résistance, l'OHM INTERNATIONAL, basé sur l'Ohm (10^9 unités du système électromagnétique C. G. S.) est égal à la résistance offerte à la température de la glace fondante, à un courant électrique constant par une colonne de mercure, ayant une masse de 14,4521 gr., une section constante et une longueur de 106,3 cm.

Unité de courant, l'AMPÈRE INTERNATIONAL, égal à 0,1 unité électromagnétique C. G. S. et suffisamment bien représenté pour les besoins de la pratique, par le courant constant qui, traversant une solution d'azotate d'argent dans l'eau dépose l'argent à raison de 0,001118 gr. par seconde.

Unité de force électromotrice, le VOLT INTERNATIONAL, force électromotrice qui, appliquée d'une manière constante à un conducteur dont la résistance est de 1 ohm international, produit un courant égal à 1 ampère international, force électromotrice représentée avec une exactitude suffisante, pour les besoins de la pratique, par la fraction $\frac{1000}{1434}$ de la force électro-motrice de la pile, connue sous le nom d'élément Clark, à la température de 15°.

Unité de quantité, le COULOMB INTERNATIONAL, quantité d'électricité transportée par un courant de 1 ampère international pendant une seconde.

Unité de capacité, le FARAD INTERNATIONAL, capacité d'un conducteur porté au potentiel de 1 volt international par une charge égale à 1 coulomb international.

Unité de *travail*, le JOULE valant 10⁷ unités C. G. S. de travail et représenté avec une exactitude suffisante pour les besoins de la pratique, par l'énergie dépensée en une seconde dans une résistance égale à 1 ohm international par un courant égal à 1 ampère international.

Unité de puissance, le WATT INTERNATIONAL, valant 10⁷ unités C. G. S. et suffisamment bien représenté pour les besoins de la pratique par la puissance de 1 joule par seconde.

Unité d'induction, le HENRY, induction d'un circuit dans lequel la force électromotrice conduite est égale à 1 volt international lorsque le courant varie à raison de 1 ampère international par seconde.

111. DÉCRET DU 25 AVRIL 1896. — En réponse au vœu exprimé par le Congrès de Chicago, un décret en date du 25 avril 1896 (Journal officiel du 2 mai) a rendu obligatoires en France l'OHM, l'AMPÈRE et le VOLT INTERNATIONAUX pour les contrats et marchés passés par l'État, les communications faites aux Services publics et les cahiers des charges dressés par eux. Il définit ces unités de la façon suivante :

« L'unité électrique de résistance ou OHM est la résistance
« offerte à un courant invariable par une colonne de mercure à
« la température de la glace fondante ayant une masse de
« 14,4521 gr., une section constante et une longueur de
«~106,3 cm.

« L'unité électrique d'intensité ou AMPÈRE est le dixième de
« l'unité électromagnétique de courant. Elle est suffisamment
« représentée, pour les besoins de la pratique, par le courant

« invariable qui dépose, en une seconde, 0,001118 gr. d'argent.

« L'unité de force électromotrice ou VOLT est la force électro-
« motrice qui soutient le courant d'un ampère dans un conduc-
« teur dont la résistance est de 1 ohm. Elle est suffisamment
« représentée, pour les besoins de la pratique, par les 0,6974
« ou $\frac{1000}{1434}$ de la force électromotrice d'un élément Latimer-
« Clark. »

Les autres unités pratiques sont définies, dans un rapport
annexe qui n'a pas force de loi.

112. QUATRIÈME CONGRÈS INTERNATIONAL, *Paris* 1900. — Enfin
la première section (méthodes scientifiques et appareils de
mesure) du Congrès international d'électricité, réuni à Paris
en 1900, a pris les deux résolutions suivantes :

1° « La section recommande l'attribution du nom de GAUSS
« à l'unité C. G. S. de champ magnétique ;

2° « La section recommande l'attribution du nom de MAXWELL
« à l'unité C. G. S. de flux magnétique. »

Aucune autre modification n'a été apportée, depuis lors, à la
définition ou à la nomenclature des unités.

APPENDICE

SOUVENIRS DE MASCART RELATIFS
AU CONGRÈS DE 1881 [1]

« Le Congrès avait constitué une Commission très nombreuse des unités électriques, qui s'est réunie le 16 et le 17 septembre 1881. La première séance a été remplie par une sorte d'exposé de principes sans grand résultat. Dans la seconde, la question a été serrée de plus près ; il s'agissait de savoir si les unités seraient fondées sur un système logique ou si l'on accepterait, en particulier pour la mesure des résistances, l'unité arbitraire dite de Siemens. La discussion a été pénible et très confuse ; on voyait surgir des propositions et des objections imprévues, surtout de personnes qui ne comprenaient pas la portée des résolutions à prendre. M. Dumas, qui présidait avec un tact et une autorité que j'admirais, interrompit brusquement la séance en disant que l'heure paraissait avancée (4 h. 30) et qu'on se réunirait ultérieurement. C'était un samedi soir. En rentrant, j'accompagnais notre président et je lui dis : « Mon cher maître, il me semble que l'affaire ne marche pas bien. » — « Je suis convaincu, répondit-il, que nous n'aboutirons pas et vous avez compris pourquoi j'ai levé la séance. » Je n'ai pas souvenir de ce que fut ensuite notre conversation.

« Le lendemain, dans la matinée, je rencontrai, sur le pont de Solférino, William Siemens qui me demanda si j'avais reçu la visite de lord Kelvin (alors sir William Thomson), en ajoutant qu'on m'invitait à dîner et qu'on espérait arriver à une entente. Rentré aussitôt, je trouvai la carte de lord Kelvin avec ces mots : « Hôtel Chatham, 6 h. 30. » Je fus naturellement exact au rendez-vous, et je trouvai dans le petit salon d'attente une société imposante : lord Kelvin,

---

1. Les curieux souvenirs que nous reproduisons ici, relatifs aux circonstances dans lesquelles le Système C. G. S. a été adopté par le Congrès de 1881, sont empruntés à l'éloge funèbre de Mascart prononcé le 4 novembre 1908 à la Société Internationale des Électriciens, par M. Paul Boucherot, président de la Société (*Bulletin de la Société Internationale des Électriciens*, année 1908, p. 640).

William Siemens pour l'Angleterre, puis von Helmholtz, Clausius, Kircakoff, Wiedemann et Werner Siemens. La discussion reprit et, après beaucoup d'hésitations, Werner Siemens finit par accepter la solution proposée, à la condition que le système de mesures serait institué « pour la pratique ». Je ne fis aucune difficulté à cette qualification et rédigeai au crayon sur le bord du piano le texte de la convention. Le système de mesures pour la pratique avait comme base les unités électromagnétiques C. G. S. On définissait l'ohm et le volt, en laissant à une commission internationale le soin de fixer les dimensions de la colonne de mercure propre à représenter l'ohm.

« Soulagé ainsi d'un grand poids, je dînai de bon appétit et, après la soirée, j'allai en rentrant, à tout hasard, sonner à la porte de M. Dumas, quoiqu'il fût déjà 10 h. 30. Il était au salon au milieu de sa famille et mon premier mot fut : « L'accord est fait sur les unités électriques ». Je n'oublierai jamais l'impression de joie véritable manifestée par M. Dumas à cette nouvelle qu'il était loin d'attendre.

« Si le système d'unités a fini par aboutir, on doit l'attribuer d'abord à l'autorité de M. Dumas, dont le grand talent inspirait le respect et empêcha la discussion de s'égarer en paroles trop vives, puis à l'influence, sur Werner Siemens, de son frère William qui vivait dans le milieu scientifique anglais, engagé par l'initiative de l'Association britannique.

« Nous étions impatients de soumettre ces propositions au Congrès dans la séance générale du mardi 20 septembre, mais on avait appris, dans l'intervalle, la mort du président Garfield et la séance fut levée en signe de deuil.

« Comme nous n'avions encore que deux unités, l'ohm et le volt, et qu'il était nécessaire de compléter le système, je demandai au président, M. Cochery, si les commissions au moins pouvaient se réunir.

« Je dus m'incliner devant sa réponse négative et nous restâmes, avec von Helmholtz, auprès de lord et lady Kelvin qui, ayant négligé de déjeuner, prenaient un chocolat dans le restaurant Chiboust, installé dans la salle du Congrès.

« C'est dans ce petit comité, autour d'une vulgaire table en marbre blanc que furent convenues les trois unités suivantes : Ampère (au lieu de Weber), Coulomb et Farad.

« J'étais chargé d'en lire le texte le lendemain 21 septembre en séance générale. Nombre de membres de la Commission, qui ne connaissaient que la séance du samedi, en furent bien un peu surpris, mais les commentaires de lord Kelvin et de von Helmholtz ne permirent plus aucune hésitation. Le système pratique d'unités était fondé ».

ERRATA

lire :

Page 3, ligne 7, à partir du bas.	$\dfrac{1}{T} = \dfrac{1}{75 \times 9,81 \times 10^{7}} = \dfrac{1,359}{10^{10}}$
Page 11, ligne 14.	$\dfrac{[S]}{[S_1]} = a\,\dfrac{[L_1]^2}{[L_{11}]^2}$
Page 17, ligne 3, à partir du bas.	$\dfrac{ml}{t^2}$
Page 24, ligne 7.	$F = ML.T^{-2}$
Page 32, ligne 4.	celle de Roemer a donné : $2,988 \times 10^{10}$
Page 34, ligne 9.	Loi de Faraday $Q = IT$
Page 40 et suivantes.	AMPÈRETOURS PAR CENTIMÈTRE
Page 40, ligne 7, à partir du bas.	$R_0 = \rho_{Mocm}\,\dfrac{l}{s} \times 10^{6}$
Page 40, ligne 5, — —	$\rho_{ocm} = 2 \times 10^{16}$ ohm-centimètres
Page 40, ligne 4, — —	$\rho_{Mocm} = 2 \times 10^{10}$ mégohm-centimètres
Page 41, dernière ligne.	$C_1^t = \dfrac{1}{L}$
Page 49, dimensions E. M. de h.	$F^{1/2}\,\dfrac{1}{T}$
Page 49, — — σ_e.	$F^{1/2}\,\dfrac{T}{L^2}$
Page 49, — — π.	$F^{1/2}\,\dfrac{1}{L}$
Page 53, dernière ligne.	Ψ'
Page 56, ligne 4, à partir du bas.	$p = \dfrac{1}{v^2}\,li$
Page 64, ligne 10, — —	$[K] = 2[i]$
Page 67, ligne 8, — —	$m = \dfrac{t^2}{l}$
Page 68, ligne 6.	$f = \dfrac{qq'}{l^2}$
Page 69, ligne 7, à partir du bas.	millimètre.
Page 70, ligne 4.	$[M] = 2,897 \times 10^{27}$ grammes.
Page 77, ligne 3, à partir du bas.	$P = F^{1/2}L = 0,1 \times 0,1 = 0,01$ unités EM.

TABLE DES MATIÈRES

LISTE DES TABLEAUX